“101 计划”核心教材

数学领域

微分几何

黎俊彬　袁伟　张会春　编

中国教育出版传媒集团
高等教育出版社·北京

内容提要

本书由两部分组成，第一部分包含经典的欧氏空间中曲线和曲面的局部理论，以及曲面的内蕴几何，这一部分可以用48课时完成。第二部分包含微分流形上的微积分理论，这是现代几何的基本内容，以及一些专题内容。全书需72课时讲授完，结构上尽力满足不同层次的微分几何课程教学要求。

全书一方面增加现代几何学的发展介绍，强调现代微分几何的观点，将现代微分几何中一些重要主题作为选讲和选读内容；另一方面，在一定程度上强调基本的几何事实和几何思想，尽量采用更加朴素的证明方式，而不局限于方法技巧。同时，把习题融入正文中，这样能更好地辅助理解。

本书可以作为综合性大学、理工科大学和高等师范类院校的微分几何课程教材。

总 序

自数学出现以来，世界上不同国家、地区的人们在生产实践中、在思考探索中以不同的节奏推动着数学的不断突破和飞跃，并使之成为一门系统的学科。尤其是进入 21 世纪之后，数学发展的速度、规模、抽象程度及其应用的广泛和深入都远远超过了以往任何时期。数学的发展不仅是在理论知识方面的增加和扩大，更是思维能力的转变和升级，数学深刻地改变了人类认识和改造世界的方式。对于新时代的数学研究和教育工作者而言，有责任将这些知识和能力的发展与革新及时体现到课程和教材改革等工作当中。

数学“101 计划”核心教材是我国高等教育领域数学教材的大型编写工程。作为教育部基础学科系列“101 计划”的一部分，数学“101 计划”旨在通过深化课程、教材改革，探索培养具有国际视野的数学拔尖创新人才，教材的编写是其中一项重要工作。教材是学生理解和掌握数学的主要载体，教材质量的高低对数学教育的变革与发展意义重大。优秀的数学教材可以为青年学生打下坚实的数学基础，培养他们的逻辑思维能力和解决问题的能力，激发他们进一步探索数学的兴趣和热情。为此，数学“101 计划”工作组统筹协调来自国内 16 所一流高校的师资力量，全面梳理知识点，强化协同创新，陆续编写完成符合数学学科“教与学”特点，体现学术前沿，具备中国特色的高质量核心教材。此次核心教材的编写者均为具有丰富教学成果和教材编写经验的数学家，他们当中很多人不仅有国际视野，还在各自的研究领域作出杰出的工作成果。在教材的内容方面，几乎是包括了分析学、代数学、几何学、微分方程、概率论、现代分析、数论基础、代数几何基础、拓扑学、微分几何、应用数学基础、统计学基础等现代数学的全部分支方向。考虑到不同层次的学生需要，编写组对个别教材设置了不同难度的版本。同时，还及时结合现代科技的最新动向，特别组织编写《人工智能的数学基础》等相关教材。

数学“101 计划”核心教材得以顺利完成离不开所有参与教材编写和审订的专家、学者及编辑人员的辛勤付出，在此深表感谢。希望读者们能通过数学“101 计划”核心教材更好地构建扎实的数学知识基础，锻炼数学思维能力，深化对数学的理解，进一步生发出自主学习探究的能力。期盼广大青年学生受益于这套核心教材，有更多的拔尖创新人才脱颖而出！

田 刚

数学“101 计划”工作组组长

中国科学院院士

北京大学讲席教授

前　言

作为读者, 打开一本书之前, 总是会想这本书能带来些什么. 作为作者, 自然要考虑同样的问题, 我们能给读者带来什么. 那么这本书又能给诸君什么呢? 首先, 我们希望通过这本书, 向诸君展示我们喜欢的学习方式; 其次, 也希望分享微分几何是如何给我们带来乐趣的, 换句话说, 希望教给学生一些鉴赏数学知识的能力.

在数学中, 一般应用"定义—定理—证明—例题"的方式来展示新的数学知识. 如果读者已经受过较好的数学训练, 采取如此方法是行之有效的, 因为他/她已经形成了一种既定的思维模式. 例如当看到一个新的定义时, 他/她或多或少地会脑补如下问题: 这个定义是合理和自然的吗? 为什么我们需要这个定义? 为什么选择现在这个表达方式? 甚至会带着这些问题去学习后面的内容. 但是对于一个初学者而言, 恐怕很难意识到这些问题, 这就需要适当的引导. 人们常常说数学学习的目的是学习数学思想, 那数学思想又是什么呢? 我们觉得这种既定的思维模式应该是数学思想的一个重要组成部分. 由于很难用几句话把这种思维模式说清楚, 故我们用 $\mathbb{R}^2$ 中的曲线这一个具体的例子, 逐步展示这种思维模式. 同时这也可以看成是一个关于本书的使用说明. 如果把学习比作一趟征途, 这篇前言就是初学者能够迅速得到一些基本训练的新手训练营.

1. $\mathbb{R}^2$ 中光滑曲线的概念

首先一个问题: 什么是光滑曲线? 直观地讲, 我们可以在纸上随意地画出一条线, 也可以看一个物体运动后所留下的轨迹. 这种描述可以给我们一些体会, 但是不够精确, 导致无法用数学的方法去研究曲线. 为此, 我们需要给一个数学的定义, 保证可以用自己已有的数学知识来处理它. 怎样的数学定义可以帮助我们研究它们? 回顾已有可用的数学知识, 现在假定, 诸君已经学习了数学分析、线性代数和常微分方程这三门基础课程. 为了应用这些知识来研究曲线, 我们需要用"集合、函数、映射"的标准数学术语给曲线下一个定义.

首先在平面上给出直角坐标系 (x, y). 把曲线看作是一个物体运动后所留下的轨迹, 假设运动从时间 $t = a$ 开始到时间 $t = b$ 结束, 在时刻 t 时物体所在的位置是平面上的一个点 $(x(t), y(t))$. 因此曲线可以看作是一个自变量为时刻 t, 因变

量为平面上的点 $(x(t), y(t))$ 的映射:

$$\gamma(t) = \big(x(t), y(t)\big), \quad t \in [a, b] \subseteq \mathbb{R}.$$

从直观上看, 我们只考虑连续的曲线, 从而首先假定这些映射是连续的, 即它的两个分量 $x(t), y(t)$ 都是连续函数. 从技术层面考虑, 为了能够使用微积分的工具, 我们需要进一步假设 $x(t), y(t)$ 都是可微的, 有时根据实际的计算过程, 可能还需要 2 次可微、3 次可微等. 为方便起见, 我们一劳永逸地假设它们是任意次可微的, 称之为光滑的 (C^∞ 的).

现在的一个基本问题是

对所有的光滑曲线按其几何形状进行分类.

事实上, 很多数学分支的最基本任务之一就是对所研究的对象进行适当的分类. 回顾在线性代数中, 我们按线性同构的意义对有限维线性空间做了分类; 在抽象代数中, 希望在群同构意义下对群进行分类; 在拓扑学中, 希望在同胚意义下分类拓扑空间, 等等.

此外, 我们还要加入一个技术性的条件

$$|\gamma'(t)| = \sqrt{x'^2(t) + y'^2(t)} \neq 0, \quad \forall t \in [a, b].$$

这个条件被称为**正则的**. 到这里, 你可能看不出这个条件有什么意义, 不知道为什么突然加上这个条件 (这就是我们前面说的不自然). 对! 目前没有办法看出为什么要引入这个条件! 所以, 请带着这个疑问往下看! 回顾我们以前解数学题的经验, 时常会出现思考的过程和写下的解题步骤是顺序颠倒的现象. 比如在做证明题时, 我们思考的过程常常是为了证明题目中的结论 A, 需要先得到某个中间结论 B, 为此又需要先得到 C, 最后发现题设条件可以导出 C. 但是写下来的证明步骤却恰恰相反, 我们先用题设条件导出 C, 再导出 B, 最后用 B 导出最终的结论 A. 那么现在, 这个顺序颠倒的现象又何尝不会出现在学习过程中呢? 事实上, 为了行文逻辑的连贯, 展现在你面前的内容是按照解题步骤编排的, 而不是按思考过程排列的. 这个"正则"的条件, 在往后讨论中, 是多处内容的技术性基石. 因为前言中略去了所有技术性的证明部分, 所以读者只能到第 1 章 1.1 节读完, 才能理解为什么需要这个条件. 认知过程往往并不遵循逻辑顺序, 因此学习的过程并非线性的, 有时需要前后文反复串联起来.

2. 弧长参数化

现在考虑平面上所有的光滑曲线, 即映射 $\gamma(t) = (x(t), y(t))$, $x(t)$ 和 $y(t)$ 都是光滑的. 首先注意到, 可能有不同的映射, 其轨迹在平面中相同, 例如:

$$\gamma_1(t) = (\cos t, \sin t), \quad t \in [0, \pi]$$

和

$$\gamma_2(t)=\left(t,\sqrt{1-t^2}\right),\quad t\in[-1,1],$$

作为映射显然是不同的 (因为它们的定义域不同, 对应法则也不同), 但是它们的轨迹都是上半圆周. 对于这种情况, 我们从几何上应该把它们看成同一条曲线, 这形成一个等价关系. 因此, 对所有光滑曲线进行分类的第一步, 即是按照轨迹相同分类.

一个重要的性质是每一条正则曲线所在的等价类 (即具有相同轨迹的正则曲线) 中, 有一个“典则的”表示元: 弧长参数化, 定义如下:

定义 0.1 设 $\gamma(t):I\to\mathbb{R}^2$ 是一条光滑曲线, 我们称 t 为一个弧长参数化, 是指满足

$$|\gamma'(t)|\equiv 1,\quad \forall t\in I.$$

这里所谓的“典则”, 根据不同的目标可以有不同的含义, 它是简化问题的一个重要步骤. 举个简单的例子, 如果我们考虑整数, 例如数字“3”, 它有很多等价表示方式, 如 $\dfrac{6}{2},\sqrt{9}$ 等, 但是我们一定会用“3”, 因为这是所有表示中最简单的一个. 这就是在所有关于 3 的等价表示方式中要找的“典则”的那个.

关于这个性质的证明我们放在第 1 章中 (它对空间正则曲线也成立, 我们也指出, 这里的正则性条件是重要的). 这个性质说明可以先对所有正则曲线按照轨迹相同分类, 然后在每一类里选取一条弧长参数化的正则曲线, 最后仅仅需要对所有弧长参数化的正则曲线进行分类即可. 弧长参数化的另一个技术上的优势是满足一个额外的方程: $|\gamma'(t)|=1$! 这一特点为往后的定量分析带来很多便利.

3. 曲率

现在考虑对所有具有弧长参数化的正则曲线分类. 我们需要设计一个“指标”(也就是一个数值), 对弧长参数化的曲线进行定量的分析, 并用于最终的分类. 举个例子, 比如在对所有线性空间进行分类的时候, 空间的“维数”是一个合适的量. 一方面, 线性同构的线性空间必然有相同的维数; 另一方面, 当两个线性空间具有相同的维数而且有限时, 它们必然线性同构. 这说明维数在线性空间的分类中是一个很合适的指标. 再比如考虑对群进行分类时, 群的阶数 (即元素的个数) 是一个合适的指标. 首先, 同构的群有相同的阶数; 其次, 不同阶数的群必然不同构. 学过拓扑学的读者会知道, 对所有的曲面做同胚分类时, “亏格”是一个合适的指标.

我们考虑对弧长参数化的正则曲线设计一个“指标”. 首先, 希望用它来区分曲线的几何形状, 因为在刚体运动 (平移、旋转、反射) 下几何形状是不变的, 所以这个量也应该在刚体运动下不变. 因为是研究曲线, 也许直观上, 如果有一个量能够反映出曲线“弯曲的程度”, 那么这一定是一个重要的量, 我们称它为“曲

率”. 当然, 如果要反映出弯曲的程度, 那么对于直线, 不发生弯曲, 曲率这个量应该就是零. 总结起来, 我们希望对曲线定义一个量, 称之为曲率, 使之满足条件:

(1) 曲率在刚体运动下不变;

(2) 直线的曲率处处为零; 直观上, 也许还应该希望“越弯曲, 曲率越大”.

从以上条件 (1), 立即可以看出圆周应该处处曲率相同, 因为在刚体运动下, 圆周处处一致. 因此, 圆周的曲率应该处处相等. 同时注意到, 圆周半径越大, 直观上的“弯曲的程度”反而越小. 因此, 对于圆周, 曲率的一个可供选择的定义方式是半径的倒数 (这个选择方式当然不唯一, 但是这是满足条件的最简单的方式). 这样我们就先定义了圆周的曲率, 对于一般的正则曲线, 我们设法将它和圆周进行比较. 设 γ 为一条正则曲线, 点 $x \in \gamma$. 我们称一个圆周 C 外切 γ 于 x 是指 $C \cap \gamma = \{x\}$ 且 γ 落在圆周之外. 如果圆周 C 的半径为 R, 圆心为 x_0, 此即是 $|x - x_0| = R$ 且 $|y - x_0| \geqslant R$, $y \in \gamma$ 且 $y \neq x$.

定义 0.2 设 γ 为一条正则曲线, 点 $x \in \gamma$. γ 在 x 处的曲率定义为 (见图 0.1)

$$\kappa(x) := \frac{1}{\sup\{R > 0 | \text{ 存在两个半径为 } R \text{ 的圆周在 } \gamma \text{ 的两侧, 分别与 } \gamma \text{ 外切于 } x\}}.$$

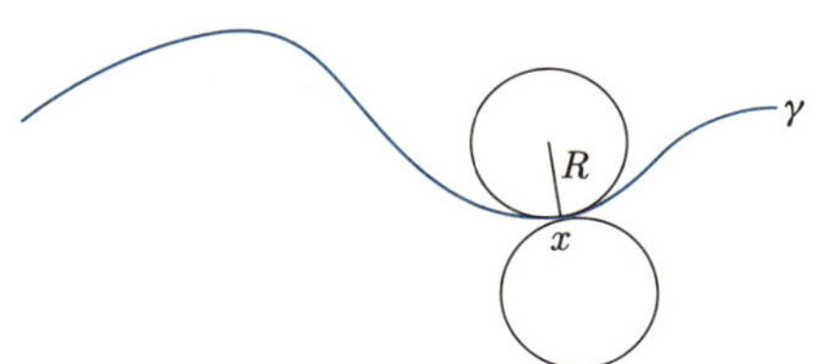

图 0.1 平面曲线的曲率

这种定义方式显然在刚体运动下是不变的. 对于直线 γ, 也容易理解它两边可以放入任意大半径的圆周与之相外切. 事实上, 在微分几何中, 常见的方式就是先对一些简单具体的几何对象做研究, 再把一般的情形和这些简单的对象做比较.

我们引入曲率的主要目的是对正则曲线做定量研究 (当然, 曲率是一个基本的几何量, 事实上有很多不同的目的, 都殊途同归地导致应该引入曲率), 因此一个关键的问题是如何计算, 至少要有合适的估算方法. 试想一下, 比如去医院体检时, 血压是一个反映健康的重要指标, 但如果无法测出血压, 那还是无法得到任何有用的信息. 为了计算曲率, 我们有如下定理:

定理 0.1 设 $\gamma(s)$ 为一条弧长参数化的正则曲线, 点 $x = \gamma(s_0)$. 则 γ 在 x 处的曲率满足

$$\kappa(x) = |\gamma''(s_0)|.$$

这是一个利用弧长参数化的曲率计算公式, 为了更加连贯地介绍我们的想法, 我们在这里略去这个定理的证明. 建议读者作为一个练习, 从这个定理出发, 推导出一般正则曲线 (不必弧长参数化) 的曲率计算公式.

从这个定理, 我们可以看到, 曲率不但能够精确计算, 而且计算十分简单! (对弧长参数化求导两次, 再算向量模长, 仅仅使用了最基本的微积分知识.)

4. 基本定理

现在我们已经有了一个定量的"指标"——曲率. 下一步自然是看怎么应用于分类. 这就是要分析, 如果两条正则曲线具有相同的曲率, 那么我们能对二者的形状上说出什么样的关系. 类比以往的知识, 在线性代数中, (有限维) 线性空间具有相同的维数时, 我们知道二者线性同构; 在拓扑学中, 两个二维定向曲面有相同的亏格时, 二者同胚.

设 $\gamma_1(s), \gamma_2(s)$ 是两条弧长参数化的正则曲线, $s \in (a,b)$, 假设它们具有相同的曲率 $\kappa_1(s) = \kappa_2(s), \forall s \in (a,b)$. 我们先用"很粗略很不严格的"形式计算去推进想法. $\gamma_1(s), \gamma_2(s)$ 是两个值域在 $\mathbb{R}^2$ 中的映射, 我们首先十分粗略地把它们简化成函数 (即把值域从 $\mathbb{R}^2$ 简化到 $\mathbb{R}^1$). 当然这是极不严格的, 我们没有任何理由可以做如此简化! 但是这么做的理由是: 如果连对简化后的版本, 我们尚无法分析, 那原先的问题就更加无从入手了; 而且我们也只是想通过分析这个简化的版本来探一探思路. 考虑简化后的版本, 把它们在 $s = s_0$ 处做 Taylor 展开:

$$\gamma_i(s) = \gamma_i(s_0) + \gamma_i'(s_0)(s - s_0) + \gamma_i''(s_0)\frac{(s-s_0)^2}{2} + o((s-s_0)^2), \quad i = 1, 2,$$

我们发现曲率出现在 2 阶项. 回忆在微积分中, 比较两个函数的大小关系时, 先比较 0 阶项 (即函数值本身), 如果 0 阶项相同, 再继续比较 1 阶项; 如果 1 阶项也相同, 我们继续比较 2 阶项, 以此类推下去. 因为曲率出现在 2 阶项上, 若要它能够有效地反映出 γ_1 和 γ_2 的关系, 我们必须设法控制 γ_1, γ_2 的 0 阶项和 1 阶项使之相同. 现在考虑 $\gamma_1(s)$, 通过上下平移, 可以任意改变 0 阶项 (即函数的值 $\gamma_1(s_0)$); 通过旋转, 可以任意改变 1 阶导数 $\gamma_1'(s_0)$. 幸运的是这些都属于刚体运动, 不会改变几何形状. 因此, 对 $\gamma_1(s)$ 做刚体运动, 可以使它和 γ_2 在 s_0 处具有相同的 0 阶项和 1 阶项. 总结起来, 给定一个点 $s_0 \in (a,b)$, 我们可以通过刚体运动使得 $\gamma_1(s_0) = \gamma_2(s_0)$ 和 $\gamma_1'(s_0) = \gamma_2'(s_0)$, 以及

$$|\gamma_1''(s)| = |\gamma_2''(s)| \quad \text{对任意 } s \in (a,b) \text{ 成立} \qquad (\text{因为 } \kappa_1(s) = \kappa_2(s)).$$

这预示着如果 γ_1'' 和 γ_2'' 同号, 则 $\gamma_1 \equiv \gamma_2$; 如果 γ_1'' 和 γ_2'' 异号, 我们先重置 γ_1 为 $-\gamma_1$, 这是一个平面上关于 x 轴的反射 (依然是一个刚体运动), 就可以化成前面的情形. 至此, 可以粗略地认为对这个简化的版本, 我们可以很好地利用微积分的知识分析出结论: 在相差一个刚体运动下, $\gamma_1 = \gamma_2$, 即二者形状相同!

现在让我们观察以上想法哪些可以拓展到原先的问题 (即 $\gamma_1(s), \gamma_2(s)$ 的值域在 $\mathbb{R}^2$ 中). 我们记 $\gamma_1(s) = (x_1(s), y_1(s))$ 和 $\gamma_2(s) = (x_2(s), y_2(s))$. 第一步: Taylor 展开, 我们可以看成各个分量 $x_1(s), y_1(s), x_2(s), y_2(s)$ 的 Taylor 展开. 第二步: 通过刚体运动使得 $\gamma_1(s_0) = \gamma_2(s_0)$ 和 $\gamma_1'(s_0) = \gamma_2'(s_0)$, 这一步不需要任何改变, 也是成立的. 第三步: 从 $|\gamma_1''(s)| = |\gamma_2''(s)|$ 分析 γ_1 和 γ_2 的关系, 这一步基本无法拓展, 因为此时

$$|\gamma_1''(s)| = |\gamma_2''(s)| \quad \Longleftrightarrow \quad [x_1''(s)]^2 + [y_1''(s)]^2 = [x_2''(s)]^2 + [y_2''(s)]^2.$$

一方面, 这是一个关于 $x(s), y(s)$ 的二阶常微分方程, 在 $s = s_0$ 处有相同初值条件 (0 阶和 1 阶都相同), 常微分方程理论中解的唯一性“几乎可以”说明 γ_1, γ_2 相同. 这里用“几乎可以”, 是因为这个方程不是线性方程 (甚至对 2 阶导数都不是线性的), 不能直接套用常微分方程的经典理论. 但是, 现在我们可以确定基本的思考路线, 因为前面两步都是可用的, 只是最后一步应用常微分方程理论有困难. 这个困难被 Frenet 克服了, 他把这个方程转化成了一个线性常微分方程组, 我们在下一段中来学习他的解决方法.

考虑弧长参数化的方程 $|\gamma'(s)| = 1$, 从而 $\langle \gamma'(s), \gamma'(s) \rangle = 1$, 这里 $\langle \cdot, \cdot \rangle$ 是 $\mathbb{R}^2$ 中的内积. 两边对 s 求导可得

$$\langle \gamma'(s), \gamma''(s) \rangle = 0.$$

这说明 $\gamma''(s)$ 和 $\gamma'(s)$ 垂直. 回顾 $\gamma'(s)$ 是曲线 γ 在 s 处的切向量, 与此垂直的单位向量叫法向量 $n(s)$(有正负两个方向可以选择). 注意 $\gamma''(s)$ 也和 $\gamma'(s)$ 垂直, 所以可以选 $n(s)$ 和 $\gamma''(s)$ 有相同的方向. 利用 $|\gamma''(s)| = \kappa(s)$, 我们有

$$\gamma''(s) = \kappa(s) \cdot n(s).$$

再由方程 $|n(s)| = 1$ (因为它是单位的) 同样对 s 求导, 可得 $\langle n'(s), n(s) \rangle = 0$, 这说明 $n'(s)$ 和 $n(s)$ 也是垂直的. 因为在平面上, 和 $n(s)$ 垂直的向量一定是沿着 $\gamma'(s)$ 所在的方向, 所以我们可以设

$$n'(s) = l(s) \cdot \gamma'(s),$$

这里 $l(s)$ 待定. 注意到还有 $\langle \gamma'(s), n(s) \rangle = 0$, 两边对 s 求导可得

$$\langle \gamma''(s), n(s) \rangle + \langle \gamma'(s), n'(s) \rangle = 0.$$

代入 $\gamma'' = \kappa \cdot n$ 和 $n' = l \cdot \gamma'$, 以及 γ', n 是单位的, 可以得到 $\kappa + l = 0$, 因此

$$l(s) = -\kappa(s).$$

考虑 $\gamma(s)$ 处的切向量 $T(s) := \gamma'(s)$ 和法向量 $n(s)$ ($(T(s), n(s))$ 被称为 Frenet 标架), 可以得到方程

$$T'(s) = \kappa(s) \cdot n(s), \qquad n'(s) = -\kappa(s) \cdot T(s).$$

这是一个**线性**常微分方程组! (也可以把 T' 再求导一次, 并代入 $n' = -\kappa \cdot T$ 和 $n = T'/\kappa$, 得到关于 T 的一个 2 阶线性常微分方程.) 至此, 利用常微分方程理论, 我们可以理解如下结论:

定理 0.2 设 $\gamma_1(s), \gamma_2(s)$ 是两条弧长参数化的正则曲线, $s \in (a, b)$. 如果二者具有相同的曲率 $\kappa_1(s) \equiv \kappa_2(s)$, 则存在一个 $\mathbb{R}^2$ 上的刚体运动 F 使得 $F \circ \gamma_1 = \gamma_2$. 即它们有相同的形状.

现在, 从这个定理可知, 正则曲线可以用曲率完全地分类, 所以我们称之为平面曲线的基本定理.

5. 总结

在学习时需要有个主线, 所谓纲举目张. 在数学学习中, 主线常常是一个贯穿整个篇幅的问题, 这就是常说的 "带着问题学习". 那么这本书中的主线是什么呢? 以第一章为例. 在前三节中, 我们讨论空间中的光滑曲线, 当然可以考虑的问题是对所有的空间曲线进行分类; 后三节中讨论空间中的光滑曲面, 可以如法炮制地考虑对如此的曲面进行分类. 对于这些问题, 平面正则曲线的分类给了我们一个基本的思考的范本, 我们可以沿着它的路线一步一步分析. 为此, 现在总结平面曲线分类时的基本步骤:

第一步: 用 "集合、函数、映射" 等数学术语陈述什么是曲线, 这是把问题转化成数学问题的基础. (事实上, 这是把数学知识应用于所有科学问题的公共第一步.)

第二步: 弧长参数化. 目的是在曲线的所有不同的参数化中, 选一个相对 "好用的".

第三步: 曲率, 一个设计出来用于定量分析曲线的 "弯曲程度" 的 "指标".

第四步: 应用 Frenet 标架分析曲率相同的正则曲线, 并完成正则曲线的分类.

如果说前面三步的内容还属于有迹可循、不难理解的话, 最后的 Frenet 标架就是一个天才的想法, 神来之笔, 必须承认, 即使是现在, 笔者也完全看不出他当年是如何想到的. 如果不用他的方法, 我们又完全想不到别的方法可以证明这个基本定理. 所以我们唯一可以做的就是跟他学习. 感觉上既心有不甘, 又庆幸有攻略可以借鉴.

下面我们来考虑三维空间中光滑曲线的分类. 首先第一步是把曲线转化成数学语言, 并且引入正则性条件, 第二步给出弧长参数化, 这两步本质上和平面曲线方法类似, 我们在第一章 1.1 节中给出. 第三步, 考虑 "曲率" 这个量, 我们会发现

以上定义 0.2 中的直观方式无法推广到空间曲线 (因为空间曲线没有“两侧”的概念), 但可以用定理 0.1 中的等价性质作为定义, 回顾在讨论引入曲率的目标时, 给出了曲率应该是满足如上的 (1) 和 (2), 这样你就能够理解为什么在空间曲线曲率定义给出后, 需要验证其在刚体运动下是不变的. 这些内容在 1.2 节中给出. 最后来到第四步, 分析曲率相同的正则曲线. 也许有人能很快注意到有例子表明存在两条曲率相同但是形状不同的空间曲线, 这就说明平面曲线基本定理不适用于空间曲线, 此时我们需要分析 Frenet 标架方法应用到空间曲线时, 到底哪一步出了问题. 当然, 你也许并没有注意到有曲率相同而形状不同的空间曲线, 那么这时自然会直接采用 Frenet 标架方法来试图证明类似以上基本定理的结论. 不论是哪种情况, 你都会发现 Frenet 方法中有一处在空间曲线上无法成立 (事实上, 由 $n'(s)$ 和 $n(s)$ 相互垂直, 在三维空间中无法得到 $n'(s)$ 是 $\gamma'(s)$ 的倍数). 这正是需要设法修正的地方, 这个过程中, 就自然地会发现, 除了曲率, 还需要一个新的量, 才能导出相应的 Frenet 的方程组. 这个量称为“挠率”. 为了行文更加合乎逻辑顺序, 我们先在 1.2 节中介绍挠率, 它和曲率具有相似的功能, 都用来定量分析曲线的形状. 最后在 1.3 节中用 Frenet 的方法完成空间曲线的基本定理. 因此, 在学完第一章的前三节之后, 建议诸君应该停下来好好捋一捋曲线分类 (即空间曲线基本定理) 的思路, 并好好和平面曲线分类的过程做个比较.

完成了三维空间曲线的部分之后, 我们转到三维空间中的光滑曲面, 这构成了第一章的后三节. 我们同样用以上基本步骤展开: 第一步, 将曲面用数学语言给出, 并引入正则性条件. 第二步, 寻找一个“典则的”参数化表示. 很不幸, 现在没有类似于弧长参数化这么好用的表示了. 因此, 我们不得不分析一般参数化之间的变换关系, 这些是 1.4 节的内容. 随后在 1.5 节中我们开始考虑如何理解“曲面的弯曲程度”, 即如何定义曲面的曲率, 在最后一节讨论如何利用 Frenet 标架的想法得到标架运动方程, 并最终得到曲面的基本定理. 这些内容的详细想法留待读者自己体会. 总之, 它们是统一的配方、不同的细节. 而恰恰是这些不同的细节, 让一个个故事变得跌宕起伏, 有趣无比.

第一章构成了曲线与曲面理论的经典内容, 这些内容可以在 24 课时完成, 我们在其中加入了大量的例子、注记和习题来辅助理解.

在第二章中我们讨论曲面的内蕴几何. 虽然为了方便起见, 我们把很多解释放在三维空间中, 但本质上是不依赖于三维空间的, 甚至可以将其看成讨论四维、五维等更高维数空间中的曲面. 虽然我们讨论的几何对象越来越广泛和复杂, 但是仍然可以按照上面的基本步骤去学习. 当然, 对象越复杂, 每一步需要做的工作自然越多, 全面地分类也变得越困难. 例如, 在微分几何中最重要的量——曲率, 对于曲线, 用弧长参数化的 2 阶导数就可以定义, 对于三维空间中的曲面, 则需要借助 Gauss 映射等方式来定义曲率, 而到了内蕴几何部分, 我们甚至需要返回到从重新审视“导数”的概念开始. 在内蕴几何这部分, 我们沿着这个基本步骤, 仅仅能介绍到具有常曲率的这类特殊曲面的分类结果以及 Gauss-Bonnet 定理. 这部分可以在 20—24 课时中完成.

到第三章中, 我们将抽象曲面理论推广到高维, 开始介绍现代几何学的主要研究对象之一——微分流形. 对比以上基本步骤, 这里仅仅完成了第一步: 将讨论对象转化成数学语言, 并给出其上的微积分学. 之后的每一步都是一个很大的领域, 并形成了微分几何诸多的不同分支, 有待诸君未来去开拓.

除了主线问题之外, 微分几何还有许多重要性不亚于本书主线的副本, 例如第二章最后的 Gauss-Bonnet 公式以及第四章中的专题内容.

在本书的编写过程中, 感谢中山大学的李婷婷、彭昱、叶映慧三位博士生, 她们细致阅读了本书初稿. 也特别感谢高等教育出版社的编辑, 他们的努力使本书大为增色. 由于作者们的知识水平和时间精力有限, 书中难免存在疏漏和不足, 欢迎各位读者批评指正.

黎俊彬、袁伟、张会春

2024 年 7 月于中山大学康乐园

目录

第一章

曲线和曲面的局部理论

1.1 正则曲线及其弧长参数化

1.1.1 正则曲线

我们将空间曲线理解为从一个区间到 $\mathbb{R}^3$ 的光滑映射.

定义 1.1 一条**参数曲线**指的是一个光滑映射 $\gamma:(a,b)\to\mathbb{R}^3$, 其中 $-\infty\leqslant a<b\leqslant+\infty$.

注 1.1 γ 称为是光滑的, 是指如果用分量来表示 $\gamma(t)=(x(t),y(t),z(t))$, 那么其分量函数

$$x,y,z:(a,b)\to\mathbb{R}$$

都任意次可微. $\gamma'(t)=(x'(t),y'(t),z'(t))$ 称为 γ 在 t 处的**切向量**.

参数曲线的定义是依照运动学的角度提出的, 我们可以将 t 理解为时间, $\gamma(t)$ 就是 t 时刻物体所处的位置, 此时 $\gamma'(t)$ 是物体在 t 时刻的瞬时速度. 然而, 在几何学中, 我们可能更常将曲线理解为 $\mathbb{R}^3$ 中的一个子集. 因此, 当谈及一条曲线时, 我们实际上可能说的是参数曲线 γ 的像 $\gamma((a,b))$. 注意到对任意的参数曲线, γ 的像可能并非一条真正的曲线. 例如当 γ 是常向量时, 这表示一个处于静止状态的物体的运动轨迹, 所以其像只是一个点而非真正的曲线. 又例如考虑如下平面参数曲线 (作为空间参数曲线的特例):

$$\gamma(t)=(t^3,t^2),\quad t\in\mathbb{R},\tag{1.1}$$

我们观察到 $\gamma(\mathbb{R})=\{(x,y)|x^2=y^3\}$, 这看上去并非一条 “光滑” 的曲线. 我们并没有定义何谓光滑的曲线 (作为 $\mathbb{R}^3$ 的子集), 但是能够找到一个直观的证据: 在 $(0,0)$ 附近 $\{(x,y)|x^2=y^3\}$ 无法写成一个光滑函数的图像. 因此 (1.1) 这类参数曲线也应该排除 (在它包含 $t=0$ 时). 为直观理解作为参数曲线是光滑的, 但其像不 “光滑” 的原因, 我们可以考虑以 (1.1) 式为轨迹的运动物体, 它运动方向出现 “突变” 的原因是在 $t=0$ 时其运动的瞬时速度 $\gamma'(0)$ 降为零. 为了排除这种情况, 我们引入**正则参数曲线**的定义.

定义 1.2 一条正则参数曲线指的是一个光滑映射 $\gamma:(a,b)\to\mathbb{R}^3$, 其中 $-\infty\leqslant a<b\leqslant+\infty$, 且对任意 $t\in(a,b)$, $\gamma'(t)\neq0$.

下面的性质保证了正则参数曲线的像 (至少局部上) 确实是一条 “光滑” 的曲线.

命题 1.1 设 γ 是参数曲线且 $\gamma'(t_0)\neq0$, 则存在 $\varepsilon>0$ 使得 $\gamma((t_0-\varepsilon,t_0+\varepsilon))\subseteq\mathbb{R}^3$ 可写成从某一开区间到 $\mathbb{R}^2$ 的光滑映射的图像, 其中可能的形式是如下三种: $y=y(x),z=z(x)$; $z=z(y),x=x(y)$; $x=x(z),y=y(z)$.

习题 1.1 命题 1.1 是隐函数定理的直接推论, 试给出证明细节.

这个命题的证明过程还保证了正则参数曲线局部上是一个单射, 这对于局部理论的研究是足够的. 因此, 我们并不排除 γ 本身不是单射 (即曲线有自交) 的情形.

从几何学的角度, 我们更关心作为 $\mathbb{R}^3$ 的子集的几何性质, 也就是说更关心物体运动的轨迹而并非沿着这个轨迹运动的物体的具体运动过程. 因此, 如果两条正则参数曲线具有相同的像, 我们认为它们几何上是"一样"的, 这样的两条正则参数曲线 (至少在局部上) 相差一个**重新参数化**.

定义 1.3 设 $\gamma:(a,b)\to\mathbb{R}^3$ 是一条正则参数曲线, $\varphi:(\alpha,\beta)\to(a,b)$ 是满足 φ' 处处不为零的光滑双射, 那么正则参数曲线 $\gamma\circ\varphi:(\alpha,\beta)\to\mathbb{R}^3$ 称为 γ 的一个重新参数化.

显然, 重新参数化是一个等价关系, 并且所有相差一个重新参数化的正则参数曲线具有相同的像. 此后, 我们将正则参数曲线简称为正则曲线 (或直接简称为曲线), 同时也不会时刻强调参数曲线和它的像之间的区别.

1.1.2 弧长参数化

曲线的基本几何性质是弧长.

定义 1.4 给定参数曲线 $\gamma:(a,b)\to\mathbb{R}^3$, 我们定义其**弧长参数**

$$s(t)=\int_{t_0}^{t}|\gamma'(t')|\mathrm{d}t',$$

其中 $t_0\in(a,b)$, $|\gamma'(t)|=\sqrt{(x'(t))^2+(y'(t))^2+(z'(t))^2}$.

由数学分析的知识, 我们知道 $s(t)$ 的绝对值表示曲线从 t_0 到 t 一段的弧长, 因此应当在重新参数化下不变. 事实上, 我们可以根据定义直接验证此事. 我们选取重新参数化 $\varphi:(\alpha,\beta)\to(a,b)$ 使得 φ' 处处为正. 为表明弧长参数与曲线的参数化无关, 只需证明下式对任意 $u_0,u\in(\alpha,\beta)$ 成立:

$$\int_{\varphi(u_0)}^{\varphi(u)}|\gamma'(t')|\mathrm{d}t'=\int_{u_0}^{u}|(\gamma\circ\varphi)'(u')|\mathrm{d}u'. \tag{1.2}$$

事实上, 根据链式法则和积分换元 $t=\varphi(u)$,

$$\int_{u_0}^{u}|(\gamma\circ\varphi)'(u')|\mathrm{d}u'=\int_{u_0}^{u}|\gamma'(\varphi(u'))|\varphi'(u')\mathrm{d}u'=\int_{t_0=\varphi(u_0)}^{t=\varphi(u)}|\gamma'(t)|\mathrm{d}t.$$

当然弧长参数化之间可以相差一个常数, 这取决于所选定的积分起点. 如果 φ' 处处为负, 那么 (1.2) 式将会多出一个负号. 这表明弧长参数"并非完全"与参数化的选取无关. 上面的论证表明, 对那些相互之间的转换函数 φ 具有正导数的参数化, 弧长参数是一致的; 而若 φ 具有负导数, 则弧长参数相差一个负号. 于是, 我们可以将曲线的所有参数化这个等价关系分成两类, 每一类中的参数化之间的转换函数具有正的导数. 这两类等价关系称为正则曲线的两种定向. 直观上这是显然的: 例如我们选定参数曲线的像上的两点 p, q, 定向指的是计算弧长时, 究竟是从 p 算到 q, 还是从 q 算到 p. 当然, 当我们给定一条正则曲线时, 指的是一条正则参数曲线, 这个参数化就给出了曲线的一个定向 (见图 1.1).

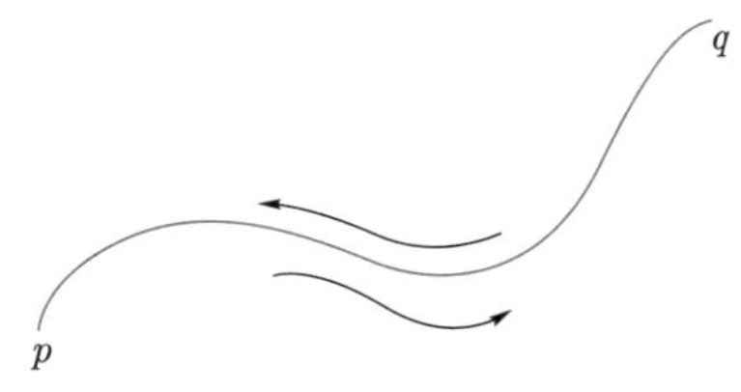

图 1.1 曲线定向

如果一条正则曲线 γ 的参数 t 恰好是其弧长参数 (相差一个常数), 即

$$t - s(t) = t - \int_{t_0}^{t} |\gamma'(t')| \mathrm{d}t' \equiv \text{常数},$$

那么我们称 γ 是弧长参数化的. 上式等价于其两边求导后的结果:

$$|\gamma'(t)| = 1, \quad t \in (a, b),$$

这说的是参数曲线的切向量恒为单位向量. 这是一个更容易应用的条件. 为此, 我们引入如下定义:

定义 1.5 正则参数曲线 $\gamma : (a, b) \to \mathbb{R}^3$ 称为是弧长参数化的, 是指 $|\gamma'(s)| = 1, s \in (a, b)$.

对于弧长参数, 我们习惯用 s 而非 t 来表示.

下面我们给定正则曲线 $\gamma = \gamma(t)$, 总存在弧长参数, 并且约定 s 是其弧长参数. 事实上, 直观地讲, 若把曲线看成一条运动的轨迹, 参数 t 表示时间, 则 $|\gamma'(t)|$ 表示运动的速度, 那么存在弧长参数, 也就是存在单位速度的匀速运动, 它有相同的运动轨迹. 严格的数学证明如下: 注意到

$$s'(t) = |\gamma'(t)| > 0, \quad t \in (a, b),$$

因此函数 $s = s(t)$ 有光滑的反函数. 如果我们将这个反函数记作 $t = t(s)$, 那么 $\gamma \circ t$ 是 γ 的重新参数化, 并且通过直接计算

$$(\gamma \circ t)'(s) = \gamma'(t) t'(s) = \gamma'(t) \cdot \frac{1}{s'(t)},$$

得知 $\gamma \circ t$ 的切向量是单位长的, 于是是弧长参数化的. 这表明任意正则曲线都可以选取其弧长参数化, 我们称这个过程为曲线的弧长重参数化. 由于弧长参数不依赖于曲线的同定向间参数化的选取, 是“几何的”参数, 因此我们将会挑选弧长参数化作为参数化的代表. 下面将总是假设曲线是弧长参数化的. 这将会有助于分析曲线的几何性质.

1.2 曲线的曲率和挠率

1.2.1 曲率

给定一条弧长参数化的参数曲线 $\gamma:(a,b)\to\mathbb{R}^3$, 我们首先引入**曲率**的定义.

定义 1.6 给定 $s\in(a,b)$. $\kappa(s):=|\gamma''(s)|$ 称为曲线 γ 在 s 处的曲率.

从定义看, 由于 $\gamma'(s)$ 具有单位长, 因此代表着曲线 (这里曲线指代参数曲线的像, 即 $\mathbb{R}^3$ 中的子集) 的切方向. 那么曲率就可以理解为曲线的切方向的变化.

注 1.2 曲率不依赖于曲线的定向. 这是因为如果取 γ 的另一定向对应的参数化 $\tilde{\gamma}(s)=\gamma(-s)$, 那么显然有 $\tilde{\gamma}''(s)=\gamma''(-s)$, 因此在对应的点具有相同的曲率.

注 1.3 曲线的曲率不因曲线放置在 $\mathbb{R}^3$ 中的方式而改变, 即刚体变换不改变曲率. 准确地说, 如果 O 是 $\mathbb{R}^3$ 中的正交变换, $p\in\mathbb{R}^3$, 那么 γ 与 $O\circ\gamma+p$ (由 O 是正交变换, 可知仍然是弧长参数化的) 有相同的曲率. 这是因为

$$(O\circ\gamma(s)+p)''=(O(\gamma'(s)))'=O(\gamma''(s)),$$

这与 $\gamma''(s)$ 有相同的长度.

下面的两个例子表明曲率某种程度上表现了曲线的弯曲.

例 1.1 直线的曲率为零. 这是因为任何直线都可以弧长参数化为 $\gamma(s)=vs+w$, 其中 $|v|=1$. 此时 $\kappa(s)=|\gamma''(s)|=0$. 反过来也是正确的: 曲率处处为零的曲线是直线. 这是因为 $\gamma''(s)\equiv 0$ 可推出 γ 是 s 的线性函数.

例 1.2 圆的曲率为常数, 且该常数为圆半径的倒数. 设圆的圆心是 p, 半径为 r, 标准正交向量 e_1,e_2 平行于该圆所在平面. 那么圆可弧长参数化为

$$\gamma(s)=p+r\left(e_1\cos\frac{s}{r}+e_2\sin\frac{s}{r}\right),\quad s\in\mathbb{R}.$$

直接计算可知 $\gamma''(s)=-\dfrac{1}{r}\left(e_1\cos\dfrac{s}{r}+e_2\sin\dfrac{s}{r}\right)$, 因此 $|\gamma''(s)|\equiv\dfrac{1}{r}$. 与直线的情况不同的是, 曲线的曲率为 (非零) 常数并不表明该曲线一定是圆.

习题 1.2 (螺旋线) 考虑参数曲线

$$\gamma(t)=(a\cos t,a\sin t,bt),\quad t\in\mathbb{R},\tag{1.3}$$

这称为**螺旋线** (见图 1.2). 试给出其弧长参数化, 并证明螺旋线的曲率 $\kappa(s)\equiv\dfrac{a}{a^2+b^2}$. 这暗示我们曲线应该有除了曲率以外的其他几何信息.

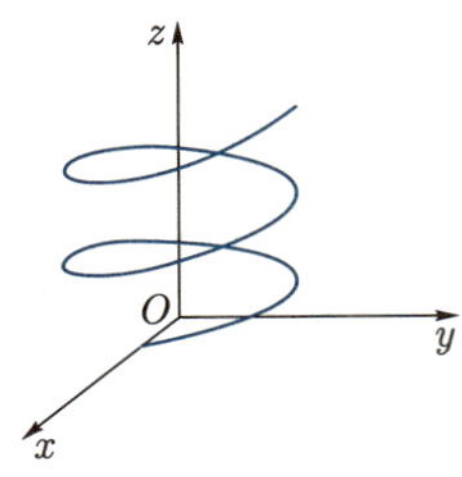

图 1.2　螺旋线

习题 1.3　计算曲率时将参数曲线进行弧长参数化并非每一次都是好的选择, 因此得到一般参数下曲率的表达式是必要的. 对于一条一般的正则曲线 γ, 试通过将其弧长参数化, 证明其在 t 参数下曲率表达式为

$$\kappa(t)=\frac{|\gamma'(t)\wedge\gamma''(t)|}{|\gamma'(t)|^3}.$$

其中 $v\wedge w$ 表示 $\mathbb{R}^3$ 中向量 v 与 w 的外积. 试用此式重新计算螺旋线的曲率.

1.2.2　挠率

从螺旋线的例子可知曲率并非曲线所包含的所有几何信息. 而圆与螺旋线的一个区别是圆是平面曲线而螺旋线不是. 因此, 我们应该有一个几何量可以刻画一条曲线与作为平面曲线的偏离的程度, 并且对平面曲线而言, 这个几何量应该为零. 我们接下来定义的**挠率**将满足这个条件.

为定义曲线 γ 在一点 s 处的挠率, 我们必须首先假设在该点处 $\kappa(s)=|\gamma''(s)|\neq 0$. 这样我们就可以记

$$t(s)=\gamma'(s),\quad n(s)=\frac{\gamma''(s)}{\kappa(s)},$$

t 是曲线的切向量, n 称为曲线在 s 处的**主法向量**. 它们都具有单位长. 经过 $\gamma(s)$, 由 $t(s),n(s)$ 所张成的平面称为曲线在 s 处的**密切平面**. 我们称密切平面的单位法向量

$$b(s)=t(s)\wedge n(s)$$

为**从法向量**. $\{t(s),n(s),b(s)\}$ 是标准正交的且形成右手系. 我们将 $\{t(s),n(s),b(s)\}$ 称为 **Frenet (弗雷内) 标架**.

注 1.4　密切平面的得名源于以下事实: 给定 s_0, 当 s 与 s_0 充分接近时, 在所有经过 $\gamma(s_0)$ 的平面中, 曲线上的点 $\gamma(s)$ 到密切平面的距离最短. 事实上, 我们取经过 $\gamma(s_0)$ 的一个平面 P, 且设其单位法向量为 μ. 那么 $\gamma(s)$ 到平面 P 的距离为 $|\langle\gamma(s)-\gamma(s_0),\mu\rangle|$, 其中 $\langle\cdot,\cdot\rangle$ 为 $\mathbb{R}^3$ 中的标准内积. 将 $\gamma(s)$ 在 s_0 附近作 Taylor (泰勒) 展开, 可得

$$\gamma(s)=\gamma(s_0)+t(s_0)(s-s_0)+\frac{\kappa(s_0)n(s_0)}{2}(s-s_0)^2+O((s-s_0)^3),$$

于是

$$\begin{aligned}&\langle\gamma(s)-\gamma(s_0),\mu\rangle\\=&\langle t(s_0),\mu\rangle(s-s_0)+\left\langle\frac{\kappa(s_0)n(s_0)}{2},\mu\right\rangle(s-s_0)^2+O((s-s_0)^3).\end{aligned}$$

由此可知, 当且仅当 μ 同时与 $t(s_0),n(s_0)$ 正交, 即平行于 $b(s_0)$ 时, 也就是说 P 是密切平面时, $\gamma(s)$ 到平面 P 的距离取得最高可能的阶数 $O((s-s_0)^3)$.

习题 1.4 以下事实同样解释了密切平面的密切性, 试证明: 设弧长参数化的曲线 γ 在 s_0 处的曲率 $\kappa(s_0)\neq 0$. 那么任取曲线上相异三点 $\gamma(s_0),\gamma(s_0+h),\gamma(s_0+l)$, 过这三点的平面在 $h,l\to 0$ 时的极限位置恰是 γ 在 s_0 处的密切平面.

注 1.5 经过 $\gamma(s)$, 由 $t(s),b(s)$ 所张成的平面称为曲线在 s 处的**从切平面**, 由 $n(s),b(s)$ 所张成的平面称为曲线在 s 处的**法平面** (见图 1.3). 这两个概念我们暂时不会用到.

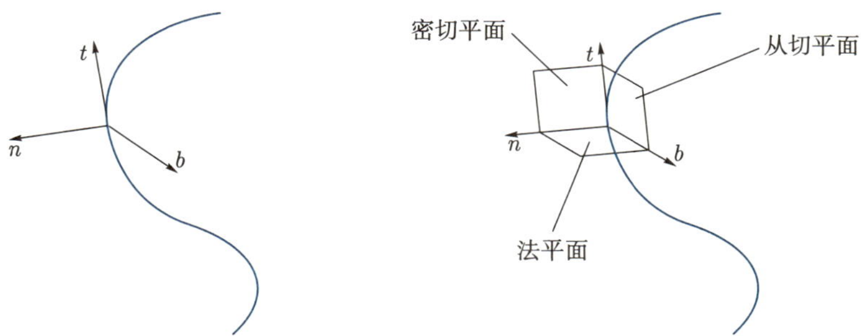

图 1.3 密切平面、从切平面和法平面

由于密切平面是在一点处最接近曲线的平面, 因此密切平面的变化 $|b'(s)|$ 应该能反映曲线与作为平面曲线的差异. 但是与曲率不同, 由于已经有一个标架 $\{t(s),n(s),b(s)\}$, 我们进一步将 $b'(s)$ 用该标架表示来寻找更准确的信息. 注意到 $b(s)$ 一直是单位长的, 于是

$$0=\langle b(s),b(s)\rangle'=2\langle b'(s),b(s)\rangle,$$

因此 $b'(s)$ 与 $b(s)$ 正交. 另一方面, 由于 $b(s)=t(s)\wedge n(s)$, 而 $t'(s)\wedge n(s)=\kappa(s)n(s)\wedge n(s)=0$, 因此

$$b'(s)=t'(s)\wedge n(s)+t(s)\wedge n'(s)=t(s)\wedge n'(s),$$

特别地, $b'(s)$ 与 $t(s)$ 也正交. 这表明 $b'(s)$ 与 $n(s)$ 平行. 据此, 存在一个函数 $\tau(s)$ 使得

$b'(s)=-\tau(s)n(s)$, 我们就把 $\tau(s)$ 称为 γ 在 s 处的**挠率**. 等价地, 我们也可以把挠率表示为

$$\tau(s)=-\langle b'(s),n(s)\rangle.$$

注意到, 挠率是有符号的. 如果改变曲线的定向 (即 s 换成 $-s$), 那么此时 $n(s)=\dfrac{\gamma''(s)}{|\gamma''(s)|}$ 的方向没有改变, 但由于 $t(s)$ 的方向改变, $b(s)$ 的方向也改变, 这使得 $b'(s)$ 不改变. 于是, 与曲率一样, 挠率 $\tau(s)$ 不因定向的变化而变化.

习题 1.5 试证明与曲率一样, 挠率同样不因曲线放置的方式而改变. 即如果 O 是 $\mathbb{R}^3$ 中行列式为 1 的正交变换, $p\in\mathbb{R}^3$, 那么 γ 与 $O\circ\gamma+p$ 有相同的挠率.

例 1.3 很容易验证 (曲率非零的) 平面曲线的挠率一定为零, 这是因为对平面曲线而言, $t(s),n(s)$ 对任意 s 都平行于同一平面从而该平面的法向量 $b(s)$ 不改变, 即挠率为零. 反过来也是正确的, 即如果曲线的挠率为零, 那么一定为平面曲线. 这是因为, 挠率为零意味着 $b'(s)\equiv 0$, 据此我们设 $b(s)\equiv b_0$, 计算

$$\langle\gamma(s),b_0\rangle'=\langle\gamma'(s),b_0\rangle=0,$$

于是 $\gamma(s)$ 与 b_0 的内积为常数. 这表明 $\gamma(s)$ 落在与 b_0 正交的某一平面内.

习题 1.6 如同曲率的计算一样, 我们也希望得到在一般的参数化下挠率的计算公式. 试证明对一般的正则曲线 γ,

$$\tau=\frac{\langle\gamma'\wedge\gamma'',\gamma'''\rangle}{|\gamma'\wedge\gamma''|^2}.$$

习题 1.7 试计算螺旋线 (1.3)的挠率, 并阐述挠率的正负具有何种几何意义.

注 1.6 我们稍微进一步分析挠率定义中 $\kappa(s)\neq 0$ 的假设. 挠率的定义要求 $\kappa(s)\neq 0$, 是因为 $\kappa(s)\neq 0$ 才保证了 s 处密切平面的存在性, 而挠率反映了密切平面的变化. 让我们考虑一个极端的情形, 即 $\kappa(s)\equiv 0$ 的情形, 此时该曲线是直线. 我们可以看出, 直线虽然是平面曲线, 但是它是“哪个”平面上的曲线, 却是不固定的. 因此, 直线的“密切平面”可以是任意变化的. 由此可见, 我们无法对直线定义所谓挠率, 或者说无论如何定义挠率, 对直线而言都没有任何实际意义.

习题 1.8 针对只有一点的曲率为零的情况, 可考虑下面的例子. 考虑映射

$$\gamma(t)=\begin{cases}(t,0,\mathrm{e}^{-\frac{1}{t^2}}), & t>0,\\ (t,\mathrm{e}^{-\frac{1}{t^2}},0), & t<0,\\ (0,0,0), & t=0,\end{cases}$$

试证明这是一条正则曲线, 并且仅仅在 $t=0$ 时曲率 $\kappa(0)=0$. 证明分别对 $t<0,t>0$, 曲线是平面曲线, 但对 $t\in\mathbb{R}$, 该曲线并非平面曲线.

1.3 Frenet-Serret 公式与曲线论基本定理

对一条正则曲线, 我们定义了曲率和挠率. 接下来的一个自然的问题是是否还有其他关于曲线的几何量. 根据这个问题, 我们很自然地会去计算 $n'(s)$. 然而, 这没有给出新的几何量. 这是因为, 根据 $n(s)=b(s)\wedge t(s)$, 我们有

$$\begin{aligned}n'(s)&=b'(s)\wedge t(s)+b(s)\wedge t'(s)\\&=-\tau(s)n(x)\wedge t(s)+b(s)\wedge\kappa(s)n(s)\\&=\tau(s)b(s)-\kappa(s)t(s).\end{aligned}$$

下面我们可以将 Frenet 标架 $\{t(s),n(s),b(s)\}$ 随曲线运动的方程整理到一起:

$$\begin{cases}t'=\kappa n,\\n'=\tau b-\kappa t,\\b'=-\tau n.\end{cases}\tag{1.4}$$

这称为 **Frenet-Serret (弗雷内–塞雷) 公式** (为简单起见, 我们隐去了参数 s). 因为 Frenet 标架张成整个 $\mathbb{R}^3$, 所以曲线的所有几何量都应该反映到 Frenet 标架的运动中. 在 Frenet-Serret 公式中, 曲率 κ、挠率 τ 就是系数中所有独立的分量. 因此, 我们期待曲率和挠率可以完全地刻画一条曲线. 此事实可以用如下定理进一步准确地阐述:

定理 1.1 (曲线论基本定理) 任意给定区间 $I=(a,b)$ 及定义在其上的光滑函数 $\kappa(s)>0,\tau(s)$, 都存在一条弧长参数化的曲线 $\gamma:(a,b)\to\mathbb{R}^3$ 使得 $\kappa(s),\tau(s)$ 分别是曲线 γ 的曲率和挠率. 此外, 若曲线 α,β 满足上述所有条件, 则 α,β 相差一个刚体运动, 即存在一个正交变换 O 与 $p\in\mathbb{R}^3$ 使得 $\beta=O\circ\alpha+p$.

证明 我们首先证明唯一性部分. 下面假设两条弧长参数化的曲线 α,β 均以 κ,τ 为曲率、挠率. 设它们的 Frenet 标架分别是 $\{t_1,n_1,b_1\}$ 及 $\{t_2,n_2,b_2\}$. 选定一点 $s_0\in I$, 取正交变换 O 及 $p\in\mathbb{R}^3$ 使得在 s_0 处的 $\{t_1,n_1,b_1\}$ 通过 O 映到 $\{t_2,n_2,b_2\}$ 且 $\beta(s_0)=O\circ\alpha(s_0)+p$. 下面我们断言对任意 $s\in I$, $\beta=O\circ\alpha+p$. 注意到 $\widetilde{\alpha}:=O\circ\alpha+p$ 同样是弧长参数化的曲线且根据注 1.3、习题 1.5, 可知 $\widetilde{\alpha}$ 同样以 κ,τ 为曲率、挠率. 注意到 $\widetilde{\alpha}(s_0)=\beta(s_0)$ 且在 s_0 处有相同的 Frenet 标架. 因此, 为简单起见, 我们可不妨假设 α,β 一开始就满足

$$\alpha(s_0)=\beta(s_0),\quad t_1(s_0)=t_2(s_0),\quad n_1(s_0)=n_2(s_0),\quad b_1(s_0)=b_2(s_0),$$

然后去证明 $\alpha=\beta$. 由于 α,β 均以 κ,τ 为曲率、挠率, 因此它们的 Frenet 标架满足相

同的方程:

$$\begin{cases} t_1' = \kappa n_1, \\ n_1' = \tau b_1 - \kappa t_1, \\ b_1' = -\tau n_1, \end{cases} \qquad \begin{cases} t_2' = \kappa n_2, \\ n_2' = \tau b_2 - \kappa t_2, \\ b_2' = -\tau n_2. \end{cases}$$

由于在 s_0 处取相同的值, 常微分方程理论保证了它们对任意 s 都是相同的. 事实上, 我们也可以直接诉诸如下初等的计算结果 (细节留作习题):

$$\left(|t_1 - t_2|^2 + |n_1 - n_2|^2 + |b_1 - b_2|^2\right)' \equiv 0.$$

无论如何, 我们都特别地有 $\alpha'(s) = t_1(s) = t_2(s) = \beta'(s)$ 对任意 $s \in I$ 成立. 由于 $\alpha(s_0) = \beta(s_0)$, 我们就有 $\alpha = \beta$ 并完成了唯一性的证明.

存在性的部分则是求解 Frenet-Serret 公式 (1.4). 任意给定 $\kappa > 0, \tau$ 以及 $s_0 \in I$, 根据常微分方程的理论, 线性方程组 (1.4) 在任意给定初值 $\{t(s_0), n(s_0), b(s_0)\}$ (要求标准正交且成右手系) 后都存在 I 上的整体解 $\{t, n, b\}$. 此时我们断言

$$\gamma(s) = \int_0^s t(s')\mathrm{d}s'$$

就是我们所求的曲线. 为此, 我们需要证明 γ 的曲率和挠率分别是 κ, τ. 这里的关键是要证明求解 (1.4) 得到的 $\{t, n, b\}$ 确实是 γ 的 Frenet 标架. 因此需要证明 $\{t, n, b\}$ 对任意 $s \in I$ 都是标准正交且成右手系的. 我们将 (1.4) 写成矩阵的形式:

$$\begin{pmatrix} t \\ n \\ b \end{pmatrix}' = \begin{pmatrix} & \kappa & \\ -\kappa & & \tau \\ & -\tau & \end{pmatrix} \begin{pmatrix} t \\ n \\ b \end{pmatrix} =: A \begin{pmatrix} t \\ n \\ b \end{pmatrix}.$$

这里的关键点是 A 是反称矩阵. 下面我们将 t, n, b 都视作行向量并记列向量组 $t^{\mathrm{T}}, n^{\mathrm{T}}, b^{\mathrm{T}}$ 是它们的转置, 并考虑矩阵 $Q = \begin{pmatrix} t \\ n \\ b \end{pmatrix} \begin{pmatrix} t^{\mathrm{T}} & n^{\mathrm{T}} & b^{\mathrm{T}} \end{pmatrix}$, 我们只需要说明对任意 $s \in I$, Q 都是单位矩阵, 即可说明 $\{t, n, b\}$ 对任意 $s \in I$ 都是标准正交的. 此时 $\{t, n, b\}$ 也不可能从右手系连续变成左手系. 通过直接计算可知

$$Q' = \begin{pmatrix} t \\ n \\ b \end{pmatrix}' \begin{pmatrix} t^{\mathrm{T}} & n^{\mathrm{T}} & b^{\mathrm{T}} \end{pmatrix} + \begin{pmatrix} t \\ n \\ b \end{pmatrix} \begin{pmatrix} t^{\mathrm{T}} & n^{\mathrm{T}} & b^{\mathrm{T}} \end{pmatrix}' = AQ + QA^{\mathrm{T}}.$$

注意到 A 是反称矩阵, 于是单位矩阵是上述常微分方程的解. 根据常微分方程解的唯一性可知 Q 恒为单位矩阵.

由于 $\{t,n,b\}$ 是标准正交且成右手系的, 很容易看出 $\{t,n,b\}$ 就是 γ 的 Frenet 标架且 κ,τ 是曲率、挠率. 事实上, 由 $\gamma'=t$, 且 t 是单位长的, 可知 γ 是弧长参数化的, 且 t 是 Frenet 标架中的 t. 由 (1.4) 中 $t'=\kappa n$ 且 n 是单位长的, 可知 $|\gamma''|=|t'|=\kappa$, 于是 κ 确实是 γ 的曲率, 并且 n 是 Frenet 标架中的 n. 最后, 由于 $\{t,n,b\}$ 标准正交且成右手系, 我们有 $b=t\wedge n$, 这表明 b 是 Frenet 标架中的 b, 并且由 (1.4) 中 $b'=-\tau n$ 可知 τ 确实是 γ 的挠率. □

1.4 正则曲面及其第一基本形式

1.4.1 正则曲面

接下来, 我们将研究空间中的曲面. 与曲线的情形稍有不同, 我们直接把曲面定义为 $\mathbb{R}^3$ 中满足一定性质的子集.

定义 1.7 $S\subseteq\mathbb{R}^3$ 称为 $\mathbb{R}^3$ 中的**正则曲面** (或简称曲面), 是指对任意 $p\in S$, 都存在 p 在 $\mathbb{R}^3$ 中的邻域 W, 使得 $S\cap W$ 是某一个定义在开集上的二元光滑函数的图像.

注 1.7 这个定义实际上是把正则曲面定义为 $\mathbb{R}^3$ 中的 2 维光滑子流形, 更标准的定义可见第三章中的定义 3.1.

例 1.4 实际操作中, 我们最常研究以下两类曲面: 其一, S 整个就是某个光滑函数的图像, 它可以表示为 $z=z(x,y)$, $y=y(z,x)$ 或 $x=x(y,z)$ 的形式; 其二, S 是某个三元函数的正则值的原像. 更准确地, 设 $F:W\to\mathbb{R}^3$ 是光滑函数, W 是 $\mathbb{R}^3$ 中的开集, 设 $c\in F(W)$ 满足对任意 $p\in F^{-1}(c)$, $(F_x,F_y,F_z)(p)\neq 0$(这样的 c 称为 F 的正则值), 那么 $F^{-1}(c)$ 是正则曲面. 这是数学分析中隐函数定理的标准应用.

而在具体的计算中, 我们还是需要引入参数化. 在局部性质的研究中, 我们并不会实质上用到定义 1.7. 类似于正则参数曲线, 我们引入**正则参数曲面**的概念 (见图 1.4).

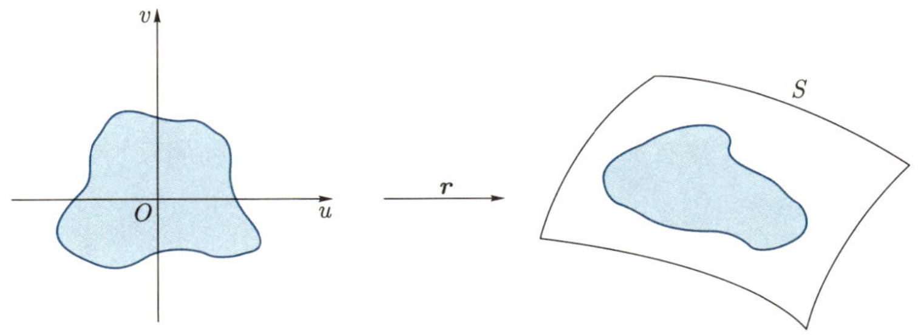

图 1.4 曲面参数化

定义 1.8 一张正则参数曲面, 指的是一个光滑映射 $\boldsymbol{r}: U \to \mathbb{R}^3$, 其中 U 是 $\mathbb{R}^2$ 中的开集, 并且满足 $\boldsymbol{r}_u := \dfrac{\partial \boldsymbol{r}}{\partial u}, \boldsymbol{r}_v := \dfrac{\partial \boldsymbol{r}}{\partial v}$ 对任意 $(u,v) \in U$ 都线性无关, 即 $\boldsymbol{r}_u \wedge \boldsymbol{r}_v \neq 0$.

与参数曲线的情形类似, 参数曲面与曲面的概念并非一致. 如果正则参数曲面 $\boldsymbol{r}$ 是单射, 并且 $\boldsymbol{r}(U) \subseteq S$, 那么我们就称 $\boldsymbol{r}$ 给出了 S 的一个参数化. 由于 $\boldsymbol{r}(U)$ 中的每一点都可以用唯一的一组 $(u,v) \in U$ 来标记, 我们也称 (u,v) 是 S 的一组**局部坐标系**. 我们很多时候都会将曲面上的点 p 以及它对应的坐标 (u,v) 等同而不加说明. 一张正则曲面由于局部上总是一个函数的图像, 例如 $z = f(x,y), (x,y) \in U$ 的图像, 那么

$$\boldsymbol{r}(x,y) = (x, y, f(x,y)), \quad (x,y) \in U$$

就给出了一个参数化. 下述习题表明反过来在局部意义下也是正确的:

习题 1.9 设 $\boldsymbol{r}: U \to \mathbb{R}^3$ 是正则参数曲面. 则对任意 $(u_0, v_0) \in U$, 都存在 (u_0, v_0) 的邻域 V, 使得 $\boldsymbol{r}(V)$ 是 $\mathbb{R}^3$ 中的正则曲面.

证明同样是通过隐函数定理. 这里正则性条件 $\boldsymbol{r}_u \wedge \boldsymbol{r}_v \neq 0$ 起到的作用同样是为了避免参数曲面的像看上去存在“不光滑”的点.

与曲线的情形类似, 如果 $\varphi: \widetilde{U} \to U$ 是微分同胚, 那么 $\widetilde{\boldsymbol{r}} = \boldsymbol{r} \circ \varphi : \widetilde{U} \to \mathbb{R}^3$ 同样是正则参数曲面, 这时我们称 $\widetilde{\boldsymbol{r}}$ 与 $\boldsymbol{r}$ 相差一个重新参数化, φ 称为一个**坐标变换**. 我们认为相差一个重新参数化的参数曲面代表着相同的几何对象.

习题 1.10 任给正则曲面 S 的两个参数化 $\boldsymbol{r}: U \to S$, $\widetilde{\boldsymbol{r}}: \widetilde{U} \to S$, 定义 $\varphi = \widetilde{\boldsymbol{r}}^{-1} \circ \boldsymbol{r}: W \to \widetilde{W}$, 其中 $W = \boldsymbol{r}^{-1}(\boldsymbol{r}(U) \cap \widetilde{\boldsymbol{r}}(\widetilde{U})), \widetilde{W} = \widetilde{\boldsymbol{r}}^{-1}(\boldsymbol{r}(U) \cap \widetilde{\boldsymbol{r}}(\widetilde{U}))$. 证明 φ 是微分同胚, 从而是一个坐标变换. 因此任意两个参数化都 (在它们的公共区域) 相差一个重新参数化.

例 1.5 考虑单位球面 $\mathbb{S}^2 = \{(x,y,z) | x^2 + y^2 + z^2 = 1\}$. 由于 1 是 $F(x,y,z) = x^2 + y^2 + z^2$ 的正则值 (留作习题), 因此 $\mathbb{S}^2$ 是 $\mathbb{R}^3$ 中的正则曲面. 我们可以用球坐标系将其参数化:

$$\boldsymbol{r}(\theta, \varphi) = (\cos\theta \sin\varphi, \sin\theta \sin\varphi, \cos\varphi), \quad \theta \in (0, 2\pi), \varphi \in (0, \pi).$$

请自行验证其处处满足正则性条件 $\boldsymbol{r}_\theta \wedge \boldsymbol{r}_\varphi \neq 0$. 请注意这个参数化不能覆盖整个球面. 通常来说我们做不到用一个参数化来覆盖一个正则曲面. 但我们总可以对曲面上每一点选取一个能够覆盖这一点的参数化, 这对研究局部性质已经足够.

习题 1.11 给定 $R > r > 0$, 考虑环面 $T^2 = \{(x,y,z) | (\sqrt{x^2+y^2} - R)^2 + z^2 = r^2\}$. 证明 T^2 是正则曲面并且具有如下参数化 (你要验证这是正则的):

$$\boldsymbol{r}(\theta, \varphi) = ((R + r\sin\varphi)\cos\theta, (R + r\sin\varphi)\sin\theta, r\cos\varphi), \quad 0 < \theta, \varphi < 2\pi. \tag{1.5}$$

习题 1.12 (球极投影) 我们可以按如下方式定义单位球面 $\mathbb{S}^2: x^2 + y^2 + z^2 = 1$ 的一个参数化, 称为球极投影. 其方式是对于所有 $\mathbb{S}^2$ 上除了北极 $N = (0,0,1)$ 以外的点

$(x,y,z) \in \mathbb{S}^2$, 对应到 $(u,v) \in \mathbb{R}^2$, 使得 $N,(x,y,z),(u,v,0)$ 三点共线. 我们定义

$$\boldsymbol{r}:\mathbb{R}^2 \to \mathbb{S}^2$$

为 $\boldsymbol{r}(u,v)=(x,y,z)$. 试给出 $\boldsymbol{r}(u,v)$ 的表达式并证明 $\boldsymbol{r}_v \wedge \boldsymbol{r}_v \neq 0$. 这表明 $\boldsymbol{r}$ 确实是一个参数化.

正如切方向的变化即为曲线的曲率, 曲面的"曲率"也应该体现为其切方向的变化. 为此, 我们引入曲面的**切平面**的概念.

定义 1.9 给定曲面 S 及其上一点 $p \in S$. 设 $\gamma:(-\varepsilon,\varepsilon) \to S$ 是曲面上的曲线且 $\gamma(0)=p$. 那么 $v=\gamma'(0)$ 称为 S 在 p 处的**一个切向量**. S 在 p 处的**切平面**定义为全部切向量 v 的集合, 记为 T_pS.

下面的命题表明切平面确实是一个平面: $\mathbb{R}^3$ 的一个 2 维的线性子空间, 且给出的切平面的一个计算方法.

命题 1.2 任意给定 S 在 p 附近的一个参数化 $\boldsymbol{r}:U \to S$, 且不妨设 $\boldsymbol{r}(0,0)=p$. 那么 T_pS 是由 $\boldsymbol{r}_u(0,0),\boldsymbol{r}_v(0,0)$ 张成的 2 维线性子空间 (见图 1.5).

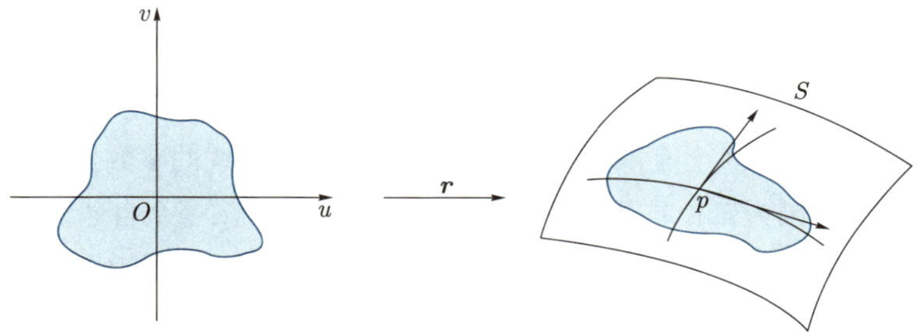

图 1.5 曲面切向

证明 任给 $v \in T_pS$, 取 $\gamma:(-\varepsilon,\varepsilon) \to S$ 使得 $\gamma(0)=p,\gamma'(0)=v$. 设 γ 在参数化 $\boldsymbol{r}$ 下的表示为 $(u(t),v(t))$, 即 $\gamma(t)=\boldsymbol{r}(u(t),v(t))$, 由链式法则可知

$$v=\gamma'(0)=u'(0)\boldsymbol{r}_u(0,0)+v'(0)\boldsymbol{r}_v(0,0),$$

因此 $T_pS \subseteq \operatorname{span}\{\boldsymbol{r}_u(0,0),\boldsymbol{r}_v(0,0)\}$. 反过来, 任取 $\lambda,\mu \in \mathbb{R}$, 考虑 $\gamma(t)=\boldsymbol{r}(\lambda t,\mu t)$, 则 $\gamma(0)=p$ 且 $\lambda\boldsymbol{r}_u(0,0)+\mu\boldsymbol{r}_v(0,0)=\gamma'(0) \in T_pS$. 这表明 $T_pS \supseteq \operatorname{span}\{\boldsymbol{r}_u(0,0),\boldsymbol{r}_v(0,0)\}$. □

注意到 $\boldsymbol{r}_u(0,0)$ 是曲面 S 上的曲线 $\gamma_u(t)=\boldsymbol{r}(t,0)$ 在 $t=0$ 处的切向量, 同理 $\boldsymbol{r}_v(0,0)$ 是曲线 $\gamma_v(t)=\boldsymbol{r}(0,t)$ 在 $t=0$ 处的切向量, 两者均是曲面 S 在 p 处的切向量. 曲线 γ_u,γ_v 称为该参数化的**坐标曲线**. 上述命题指出曲面在一点处的切平面可由其坐标曲线的切向量张成, $\{\boldsymbol{r}_u(0,0),\boldsymbol{r}_v(0,0)\}$ 称为 T_pS 的**坐标基**. 由于上述命题中的 p 可以换成 $\boldsymbol{r}(U)$ 中的任意一点, 于是切向量场 $\{\boldsymbol{r}_u,\boldsymbol{r}_v\}$ 给出了 $\boldsymbol{r}(U) \subseteq S$ 上任一点处的切平面的一个基.

下面我们选取微分同胚 $\varphi:\widetilde{U}\to U$, 那么 $\widetilde{\boldsymbol{r}}:=\boldsymbol{r}\circ\varphi:\widetilde{U}\to S$ 给出了 (p 附近的) 另一个参数化. 设 $\widetilde{U}$ 中的坐标为 $(\widetilde{u},\widetilde{v})$, 我们将 φ 用坐标写成

$$\varphi(\widetilde{u},\widetilde{v})=(u(\widetilde{u},\widetilde{v}),v(\widetilde{u},\widetilde{v})),$$

那么

$$\widetilde{\boldsymbol{r}}(\widetilde{u},\widetilde{v})=\boldsymbol{r}(u(\widetilde{u},\widetilde{v}),v(\widetilde{u},\widetilde{v})),$$

由链式法则可知

$$\begin{aligned}\widetilde{\boldsymbol{r}}_{\widetilde{u}}&=\frac{\partial u}{\partial\widetilde{u}}\boldsymbol{r}_u+\frac{\partial v}{\partial\widetilde{u}}\boldsymbol{r}_v,\\ \widetilde{\boldsymbol{r}}_{\widetilde{v}}&=\frac{\partial u}{\partial\widetilde{v}}\boldsymbol{r}_u+\frac{\partial v}{\partial\widetilde{v}}\boldsymbol{r}_v.\end{aligned}\tag{1.6}$$

这给出了坐标变换下坐标基之间的变换关系, 两组基之间的过渡矩阵正好是由坐标变换 φ 的 Jacobi 矩阵给出.

1.4.2　第一基本形式

我们在研究曲线的几何性质时, 使用了弧长参数作为中间的桥梁. 弧长参数化至少会使得几何量的定义形式上变得更简单. 弧长参数是参数曲线的参数化中最有代表性的 (或者说, 典则的), 因为弧长是几何量. 于是, 在研究曲面时, 一个自然的问题是我们是否可以找到类似的具有代表性的参数化. 我们会看到, 在曲面的研究中 (维数大于 1), 此事并没有简单的答案. 于是, 在曲面论中, 我们将会发展对任意参数化都成立的理论 (曲线的对应物可见习题 1.3、习题 1.6).

然而, 曲面上弧长的概念仍然是重要的. 那么该如何量度曲面上曲线的弧长? 回忆一下对于任意的正则曲线 γ, t 是曲线的参数, 那么弧长参数由

$$s=\int|\gamma'(t)|\mathrm{d}t$$

给出, 或者用弧长微元表示为

$$\mathrm{d}s=|\gamma'(t)|\mathrm{d}t.\tag{1.7}$$

下面任给正则曲面 S, 参数化 $\boldsymbol{r}:U\to S$ 以及其上一条正则曲线 $\gamma:(a,b)\to\boldsymbol{r}(U)$. 设 γ 在坐标系下的表示为 $(u(t),v(t))$, 即 $\gamma(t)=\boldsymbol{r}(u(t),v(t))$, 我们有

$$s=\int|\gamma'(t)|\mathrm{d}t=\int|u'(t)\boldsymbol{r}_u+v'(t)\boldsymbol{r}_v|\mathrm{d}t=\int\sqrt{|u'(t)\boldsymbol{r}_u+v'(t)\boldsymbol{r}_v|^2}\mathrm{d}t.$$

下面我们记

$$E=\langle\boldsymbol{r}_u,\boldsymbol{r}_u\rangle,\quad F=\langle\boldsymbol{r}_u,\boldsymbol{r}_v\rangle,\quad G=\langle\boldsymbol{r}_v,\boldsymbol{r}_v\rangle,$$

那么

$$s=\int\sqrt{E(u'(t))^2+2Fu'(t)v'(t)+G(v'(t))^2}\mathrm{d}t. \tag{1.8}$$

如果作如下代换: $\mathrm{d}u=u'(t)\mathrm{d}t, \mathrm{d}v=v'(t)\mathrm{d}t$, 上式可以用弧长微元表示为

$$\mathrm{d}s^2=E\mathrm{d}u^2+2F\mathrm{d}u\mathrm{d}v+G\mathrm{d}v^2. \tag{1.9}$$

可注意对比此式与 (1.7) 式.

定义 1.10 我们称 $\mathrm{d}s^2$ 为曲面 S 的**第一基本形式**, E,F,G 称为是第一基本形式在参数化 $\boldsymbol{r}$(或坐标系 (u,v)) 下的**系数 (coefficient)**.

注 1.8 有一些读者可能不熟悉 $\mathrm{d}s^2$ 的具体含义, 此时只需把 (1.9) 式视作 (1.8) 式的无穷小版本的形式表达即可.

曲线弧长的无穷小版本就是曲线的切向量的长度. 因此我们也可以从切向量长度的计算方式出发定义第一基本形式. 任给 $p\in S$, 一些书中将 (在 p 处的) 第一基本形式定义为 T_pS 上的一个二次型:

$$I_p: T_pS\to\mathbb{R},$$
$$w\mapsto|w|^2.$$

我们设 $w=w_1\boldsymbol{r}_u+w_2\boldsymbol{r}_v$, 通过类似 (1.8) 式的计算可知

$$I_p(w)=|w|^2=E(w_1)^2+2Fw_1w_2+G(w_2)^2=\begin{pmatrix}w_1 & w_2\end{pmatrix}\begin{pmatrix}E & F\\ F & G\end{pmatrix}\begin{pmatrix}w_1\\ w_2\end{pmatrix},$$

第二个等号右边对应于 (1.9) 式的右边, 最后一个等号表明 $\begin{pmatrix}E & F\\ F & G\end{pmatrix}$ 是第一基本形式在基 $\{\boldsymbol{r}_u,\boldsymbol{r}_v\}$ 下的矩阵. $\mathrm{d}s^2$ 也可理解为对应于上述二次型 I_p 的双线性型:

$$\mathrm{d}s_p^2: T_pS\times T_pS\to\mathbb{R},$$
$$(w,\widetilde{w})\mapsto\langle w,\widetilde{w}\rangle,$$

用矩阵来表示即

$$\mathrm{d}s^2(w,\widetilde{w})=\begin{pmatrix}w_1 & w_2\end{pmatrix}\begin{pmatrix}E & F\\ F & G\end{pmatrix}\begin{pmatrix}\widetilde{w}_1\\ \widetilde{w}_2\end{pmatrix},$$

其中 $w=w_1\boldsymbol{r}_u+w_2\boldsymbol{r}_v, \widetilde{w}=\widetilde{w}_1\boldsymbol{r}_u+\widetilde{w}_2\boldsymbol{r}_v$. 最后, $\mathbb{R}^3$ 中内积 $\langle\cdot,\cdot\rangle$ 的双线性、对称性、正定性表明 $\mathrm{d}s^2$ 也是双线性、对称、正定的, 因此 $\mathrm{d}s_p^2$ 是 T_pS 上的一个内积, 为 T_pS 赋予了欧氏空间结构. 特别地, $\begin{pmatrix}E & F\\ F & G\end{pmatrix}$ 是一个正定矩阵.

例 1.6 平面 $\{(x,y,z)|z=0\}$ 的一个参数化是 $\boldsymbol{r}(u,v)=(u,v,0)$. 在此参数化下,容易计算得 $E=G=1,F=0$. 此时第一基本形式形如

$$\mathrm{d}s^2=\mathrm{d}u^2+\mathrm{d}v^2.$$

我们可以通过极坐标选取另一参数化 $\boldsymbol{r}(\rho,\varphi)=(\rho\cos\varphi,\rho\sin\varphi,0),\rho>0,0<\varphi<2\pi$. 此时

$$\boldsymbol{r}_\rho=(\cos\varphi,\sin\varphi,0),\quad \boldsymbol{r}_\varphi=(-\rho\sin\varphi,\rho\cos\varphi,0),$$

于是 $E=1,F=0,G=\rho^2$, 即 $\mathrm{d}s^2=\mathrm{d}\rho^2+\rho^2\mathrm{d}\varphi^2$.

例 1.7 柱面 $C=\{(x,y,z)|x^2+y^2=1\}$ 的一个参数化是 $\boldsymbol{r}(u,v)=(\cos u,\sin u,v)$. 此时

$$\boldsymbol{r}_u=(-\sin u,\cos u,0),\quad \boldsymbol{r}_v=(0,0,1),$$

于是 $E=G=1,F=0$, 即

$$\mathrm{d}s^2=\mathrm{d}u^2+\mathrm{d}v^2.$$

此时第一基本形式的系数与上一例子中平面在 (u,v) 坐标下的系数一致. 因此, 柱面和平面虽然是不同的曲面, 但是可以选取适当的参数化使得第一基本形式的系数相同. 我们接下来在介绍完第一基本形式相关的几何量 (角度、面积) 后, 将会继续讨论这个问题.

例 1.8 单位球面 $\mathbb{S}^2=\{(x,y,z)|x^2+y^2+z^2=1\}$ 可以通过球坐标作如下参数化:

$$\boldsymbol{r}=(\cos\varphi\sin\theta,\sin\varphi\sin\theta,\cos\theta),\quad 0<\varphi<2\pi,0<\theta<\pi.$$

此时计算可得

$$\boldsymbol{r}_\theta=(\cos\varphi\cos\theta,\sin\varphi\cos\theta,-\sin\theta),\quad \boldsymbol{r}_\varphi=(-\sin\varphi\sin\theta,\cos\varphi\sin\theta,0),$$

根据三角恒等式可知 $E=1,F=0,G=\sin^2\theta$, 即

$$\mathrm{d}s^2=\mathrm{d}\theta^2+\sin^2\theta\mathrm{d}\varphi^2.$$

习题 1.13 在球极投影 (习题 1.12) 下计算单位球面第一基本形式的系数.

习题 1.14 (正螺面) 考虑螺旋线 (1.3). 通过螺旋线上任一点作一平行于 xy 平面、与 z 轴相交的直线. 由这些直线生成的曲面称为正螺面. 正螺面也可视作一条平行于 xy 平面、经过 z 轴的直线在绕 z 轴旋转同时匀速上升的过程中所划过的曲面. 正螺面可以有如下的参数化:

$$\boldsymbol{r}(u,v)=(v\cos u,v\sin u,au),\quad u,v\in\mathbb{R}.$$

试在此参数化下计算第一基本形式的系数.

由于第一基本形式可以理解为切平面上的内积, 于是这同时也给出了切向量之间**角度**的定义. 我们设 S 是曲面且 $p \in S$, 取 p 处的两个切向量 $w, \widetilde{w} \in T_pS$, 它们所成的角度 θ 满足

$$\cos\theta = \frac{\langle w, \widetilde{w}\rangle}{|w||\widetilde{w}|} = \frac{\mathrm{d}s^2(w, \widetilde{w})}{\sqrt{\mathrm{d}s^2(w, w)\mathrm{d}s^2(\widetilde{w}, \widetilde{w})}}.$$

如果两条曲线 α, β 满足 $\alpha(0) = \beta(0) = p$, 那么它们在 p 处所成的角, 就定义为 $\alpha'(0)$ 与 $\beta'(0)$ 所成的角. 特别地, 我们任给 p 附近的一个参数化 $\boldsymbol{r}$, 那么坐标曲线之间所成的角度的余弦值为

$$\frac{\langle \boldsymbol{r}_u, \boldsymbol{r}_v\rangle}{|\boldsymbol{r}_u||\boldsymbol{r}_v|} = \frac{F}{\sqrt{EG}}.$$

于是, F 是否为零刻画了两族坐标曲线之间是否正交.

第一基本形式还决定了曲面上区域的面积. 我们设 $A \subseteq S$, 我们称 A 是可测的, 是指对任意 S 的参数化 $\boldsymbol{r}$, $\boldsymbol{r}^{-1}(A)$ 是 $\mathbb{R}^2$ 中的 Lebesgue (勒贝格) 可测集 (这里不要求 $A \subseteq \boldsymbol{r}(U)$). 我们对**面积**作如下定义.

定义 1.11 设存在一个参数化 $\boldsymbol{r}: U \to S$ 使得可测集 $A \subseteq \boldsymbol{r}(U)$, 那么 $\boldsymbol{r}^{-1}(A) \subseteq U$ 是 Lebesgue 可测的. 我们将 A 的面积定义为

$$\sigma(A) = \int_{\boldsymbol{r}^{-1}(A)} |\boldsymbol{r}_u \wedge \boldsymbol{r}_v|\mathrm{d}u\mathrm{d}v.$$

注 1.9 在每一点 $p \in A$ 处, $|\boldsymbol{r}_u \wedge \boldsymbol{r}_v|$ 表示了在 T_pS 上由 $\boldsymbol{r}_u, \boldsymbol{r}_v$ 张成的平行四边形的面积. 我们认为上述定义的面积确实是真正的面积的原因在于, 这个平行四边形的面积能够逼近坐标曲线网在 p 处的面积微元. 我们将不对此作进一步讨论.

注 1.10 利用 $|\boldsymbol{r}_u \wedge \boldsymbol{r}_v|^2 = |\boldsymbol{r}_u|^2|\boldsymbol{r}_v|^2 - \langle \boldsymbol{r}_u, \boldsymbol{r}_v\rangle^2$, 可知

$$|\boldsymbol{r}_u \wedge \boldsymbol{r}_v| = \sqrt{EG - F^2},$$

因此面积是一个由第一基本形式决定的量.

为验证上述定义的合理性, 我们要求证明它和参数化的选取无关. 下面选取另一参数化 $\widetilde{\boldsymbol{r}}: \widetilde{U} \to S$ 使得 $A \subseteq \widetilde{\boldsymbol{r}}(\widetilde{U})$, 以及对应的坐标变换 φ 使得 $\widetilde{\boldsymbol{r}} = \boldsymbol{r} \circ \varphi$, 我们希望证明

$$\int_{\boldsymbol{r}^{-1}(A)} |\boldsymbol{r}_u \wedge \boldsymbol{r}_v|\mathrm{d}u\mathrm{d}v = \int_{\widetilde{\boldsymbol{r}}^{-1}(A)} |\widetilde{\boldsymbol{r}}_{\widetilde{u}} \wedge \widetilde{\boldsymbol{r}}_{\widetilde{v}}|\mathrm{d}\widetilde{u}\mathrm{d}\widetilde{v}.$$

根据重积分的换元公式, 并且 $\varphi(\widetilde{\boldsymbol{r}}^{-1}(A)) = \boldsymbol{r}^{-1}(A)$, 可得

$$\int_{\boldsymbol{r}^{-1}(A)} |\boldsymbol{r}_u \wedge \boldsymbol{r}_v|\mathrm{d}u\mathrm{d}v = \int_{\widetilde{\boldsymbol{r}}^{-1}(A)} |\boldsymbol{r}_u \wedge \boldsymbol{r}_v| \left|\frac{\partial(u, v)}{\partial(\widetilde{u}, \widetilde{v})}\right| \mathrm{d}\widetilde{u}\mathrm{d}\widetilde{v},$$

而由 (1.6) 式以及向量外积的性质, 可知

$$|\widetilde{\boldsymbol{r}}_{\widetilde{u}} \wedge \widetilde{\boldsymbol{r}}_{\widetilde{v}}| = |\boldsymbol{r}_u \wedge \boldsymbol{r}_v| \left|\frac{\partial(u,v)}{\partial(\widetilde{u},\widetilde{v})}\right|$$

处处成立, 从而完成了证明.

注 1.11 当一个可测集不能被一个单独的参数化覆盖时, 我们可以将它分成至多可数个可测集之并, 并且每一个子集都能被一个参数化覆盖. 这样, 我们就可以计算每个部分的面积然后相加. 我们还必须证明这样定义出来的面积与集合划分的方式无关以保证合理性. 我们将略过这部分细节. 另一方面, 在对实际的曲面面积的计算中, 我们通常能够取一个参数化, 足以覆盖整个曲面除去若干条曲线之并. 去掉的部分是零测集 (指的是按上述定义, 面积为零的集合), 因此, 只取一个参数化对实际应用没有太大影响.

习题 1.15 计算环面的面积, 见习题 1.11.

习题 1.16 (旋转面) 设 S 是由 xz 平面中的以下正则曲线:

$$x = \varphi(v), \quad z = \psi(v), \quad v \in (a,b)$$

绕 z 轴旋转得到的曲面, 其中我们假设 $\varphi(v) > 0$. S 可表示为如下集合:

$$S = \{(x,y,z)|\sqrt{x^2+y^2} = \varphi(v), z = \psi(v), v \in (a,b)\}.$$

试证明 S 是正则曲面且

$$\boldsymbol{r} = (\varphi(v)\cos u, \varphi(v)\sin u, \psi(v)), \quad v \in (a,b), 0 < u < 2\pi$$

给出了 S 的一个参数化. 计算其第一基本形式的系数.

1.4.3 坐标变换与等距

在上一小节中, 我们简单计算了平面、柱面、球面的第一基本形式, 我们发现在不同的坐标系下 (例如平面的直角坐标和极坐标), 第一基本形式的系数可以不一样, 另一方面, 不同的曲面 (例如平面和柱面) 可以分别存在一个参数化使得第一基本形式的系数相同. 我们将对此展开讨论.

事实上, 在不同坐标系下第一基本形式的系数当然是不一样的, 与坐标系无关的是曲面上曲线的弧长, 这正是第一基本形式的本质. 因此, 在不同的坐标系下, 第一基本形式的系数虽然不一致, 但应该满足一定的关系.

我们设有两个参数化 $\boldsymbol{r}, \widetilde{\boldsymbol{r}}$ 以及对应的坐标变换 φ, 设第一基本形式的系数分别是 E, F, G 与 $\widetilde{E}, \widetilde{F}, \widetilde{G}$. 根据 (1.6) 式, 可直接计算得到

$$\begin{aligned}\begin{pmatrix}\widetilde{E} & \widetilde{F} \\ \widetilde{F} & \widetilde{G}\end{pmatrix} &= \left\langle \begin{pmatrix}\widetilde{\boldsymbol{r}}_{\widetilde{u}} \\ \widetilde{\boldsymbol{r}}_{\widetilde{v}}\end{pmatrix}, \begin{pmatrix}\widetilde{\boldsymbol{r}}_{\widetilde{u}} & \widetilde{\boldsymbol{r}}_{\widetilde{v}}\end{pmatrix} \right\rangle = \left\langle \begin{pmatrix}\dfrac{\partial u}{\partial \widetilde{u}} & \dfrac{\partial v}{\partial \widetilde{u}} \\ \dfrac{\partial u}{\partial \widetilde{v}} & \dfrac{\partial v}{\partial \widetilde{v}}\end{pmatrix} \begin{pmatrix}\boldsymbol{r}_u \\ \boldsymbol{r}_v\end{pmatrix}, \begin{pmatrix}\boldsymbol{r}_u & \boldsymbol{r}_v\end{pmatrix} \begin{pmatrix}\dfrac{\partial u}{\partial \widetilde{u}} & \dfrac{\partial u}{\partial \widetilde{v}} \\ \dfrac{\partial v}{\partial \widetilde{u}} & \dfrac{\partial v}{\partial \widetilde{v}}\end{pmatrix} \right\rangle \\ &= \begin{pmatrix}\dfrac{\partial u}{\partial \widetilde{u}} & \dfrac{\partial v}{\partial \widetilde{u}} \\ \dfrac{\partial u}{\partial \widetilde{v}} & \dfrac{\partial v}{\partial \widetilde{v}}\end{pmatrix} \begin{pmatrix}E & F \\ F & G\end{pmatrix} \begin{pmatrix}\dfrac{\partial u}{\partial \widetilde{u}} & \dfrac{\partial u}{\partial \widetilde{v}} \\ \dfrac{\partial v}{\partial \widetilde{u}} & \dfrac{\partial v}{\partial \widetilde{v}}\end{pmatrix}.\end{aligned} \tag{1.10}$$

这就是在不同参数化下第一基本形式系数之间满足的关系. 事实上, 由线性代数的知识, 二次型的矩阵在不同的基下的变换由基之间的过渡矩阵给出, 而 $\{\boldsymbol{r}_u, \boldsymbol{r}_v\}$ 到 $\{\widetilde{\boldsymbol{r}}_{\widetilde{u}}, \widetilde{\boldsymbol{r}}_{\widetilde{v}}\}$ 的过渡矩阵正是 φ 的 Jacobi (雅可比) 矩阵.

在本节一开始我们曾经提出过是否可以选取有代表性的参数化来研究曲面上的几何. 这里我们断言局部上总能够选择使得 $F \equiv 0$ 的参数化, 我们称之为**正交参数化**.

命题 1.3 *设 $p \in S$ 是曲面 S 上一点. 那么存在 p 附近的一个参数化 $\boldsymbol{r}: U \to S$, $p \in \boldsymbol{r}(U)$ 使得对任意 $(u, v) \in U$, $F = \langle \boldsymbol{r}_u, \boldsymbol{r}_v \rangle = 0$.*

证明 我们先任意选定 p 附近的一个参数化 $\widetilde{\boldsymbol{r}}: \widetilde{U} \to S$, 其第一基本形式的系数是 $\widetilde{E}, \widetilde{F}, \widetilde{G}$. 我们的目标是选取函数 $\varphi(\widetilde{u}, \widetilde{v}) = (u(\widetilde{u}, \widetilde{v}), v(\widetilde{u}, \widetilde{v}))$ 使得新的参数化 $\boldsymbol{r}$ 的第一基本形式系数 E, F, G 满足 $F \equiv 0$. 首先, 我们可以不改变 $(\widetilde{u}, \widetilde{v})$ 坐标系中的 $\widetilde{v}$ 坐标曲线, 即选取 $u = \widetilde{u}$. 下面不妨设 $\widetilde{\boldsymbol{r}}(0,0) = p$, 我们可以在 p 的局部求解如下常微分方程组:

$$\begin{cases}\widetilde{u}'(t; v) = -\widetilde{G}(\widetilde{u}(t), \widetilde{v}(t)), \\ \widetilde{v}'(t; v) = \widetilde{F}(\widetilde{u}(t), \widetilde{v}(t)), \\ \widetilde{u}(0; v) = 0, \ \widetilde{v}(0; v) = v,\end{cases} \tag{1.11}$$

其中 v 充分小. 这实际上是在求解 $\widetilde{U}$ 上向量场 $(-\widetilde{G}, \widetilde{F})$ 的积分曲线. 根据常微分方程理论, 我们知道存在 $(0,0)$ 在 $\widetilde{U}$ 中的一个邻域 W 使得对每一点 $(\widetilde{u}, \widetilde{v}) \in W$ 都存在唯一的 v 使得 $(\widetilde{u}(t; v), \widetilde{v}(t; v))$ 会经过 $(\widetilde{u}, \widetilde{v})$. 这样 $(-\widetilde{G}, \widetilde{F})$ 的积分曲线实际上给了 W 的一个分层, 我们取 W 上的函数 v 使得 v 在每条积分曲线上都是常数, 特别地, 我们可以取 v 使得对任意 t 都有

$$v(\widetilde{u}(t; v), \widetilde{v}(t; v)) = v, \tag{1.12}$$

由解的光滑依赖性, 可知 v 是 W 上的光滑函数. 由于 $u = \widetilde{u}$, 即 $\dfrac{\partial u}{\partial \widetilde{u}} \equiv 1, \dfrac{\partial u}{\partial \widetilde{v}} \equiv 0$, 而在曲线 $\widetilde{u} = 0$ 上, 根据 v 的构造可知 $\dfrac{\partial v}{\partial \widetilde{v}} = 1$. 由此可知 $\varphi(\widetilde{u}, \widetilde{v}) = (u(\widetilde{u}, \widetilde{v}), v(\widetilde{u}, \widetilde{v}))$ 在

$(\widetilde{u},\widetilde{v})=(0,0)$ 处的 Jacobi 矩阵非退化, 由反函数定理, 可设 W(必要时缩小 W) 上 φ 可逆且 φ^{-1} 在 $\varphi(W)$ 上光滑. 于是可知 (u,v) 确实给出了 p 处附近的坐标系.

取 $\boldsymbol{r}=\widetilde{\boldsymbol{r}}\circ\varphi^{-1}$. 将 $\dfrac{\partial u}{\partial\widetilde{u}}\equiv 1,\dfrac{\partial u}{\partial\widetilde{v}}\equiv 0$ 代入 (1.6) 式并整理可知,

$$\begin{aligned}\boldsymbol{r}_u=&\widetilde{\boldsymbol{r}}_{\widetilde{u}}-\frac{\partial v}{\partial\widetilde{u}}\left(\frac{\partial v}{\partial\widetilde{v}}\right)^{-1}\widetilde{\boldsymbol{r}}_{\widetilde{v}},\\ \boldsymbol{r}_v=&\left(\frac{\partial v}{\partial\widetilde{v}}\right)^{-1}\widetilde{\boldsymbol{r}}_{\widetilde{v}},\end{aligned}\tag{1.13}$$

这里用到了 $\dfrac{\partial v}{\partial\widetilde{v}}$ 在 W 中非零 (由于 $\dfrac{\partial v}{\partial\widetilde{v}}$ 在 $(\widetilde{u},\widetilde{v})=(0,0)$ 时为 1, 必要时缩小 W 即可). 于是

$$\langle\boldsymbol{r}_u,\boldsymbol{r}_v\rangle=\left(\frac{\partial v}{\partial\widetilde{v}}\right)^{-1}\widetilde{F}-\frac{\partial v}{\partial\widetilde{u}}\left(\frac{\partial v}{\partial\widetilde{v}}\right)^{-2}\widetilde{G}.$$

为说明此式为零, 只需在 (1.12) 式上对 t 求导并利用方程组 (1.11) 可得

$$\frac{\partial v}{\partial\widetilde{u}}\widetilde{u}'(t)+\frac{\partial v}{\partial\widetilde{v}}\widetilde{v}'(t)=-\frac{\partial v}{\partial\widetilde{u}}\widetilde{G}+\frac{\partial v}{\partial\widetilde{v}}\widetilde{F}=0.$$

这就完成了证明. □

上述方法是具有代表性的. 通过选取两族积分曲线, 下面的结论仍然是正确的.

习题 1.17　任给 $p\in S$ 在曲面上的一个邻域内的两族切向量场 V_1,V_2 且 $V_1\wedge V_2$ 处处非零. 那么存在 p 附近的一个参数化 $\boldsymbol{r}$ 使得对任意 $(u,v)\in U$, $\boldsymbol{r}_u$ 与 V_1 平行, $\boldsymbol{r}_v$ 与 V_2 平行.

注 1.12　命题 1.3 的证明是一个特殊的情况: $V_1=\widetilde{\boldsymbol{r}}_{\widetilde{v}}$, V_2 是任取的处处与 V_1 正交的向量场, 例如 $V_2=-\widetilde{G}\widetilde{\boldsymbol{r}}_{\widetilde{u}}+\widetilde{F}\widetilde{\boldsymbol{r}}_{\widetilde{v}}$.

我们很自然地会追问: 习题 1.17 结论中的“平行”能否改进为“相等”? 命题 1.3 的证明中, (1.13) 式表明 $\boldsymbol{r}_u,\boldsymbol{r}_v$ 并不一定是预给的向量场 V_1,V_2, 其系数与坐标变换 φ 有关. 如果这样的改进成立, 那么我们就有参数化使得 $\boldsymbol{r}_u=V_1,\boldsymbol{r}_v=V_2$, 此时 $E=\langle V_1,V_1\rangle,F=\langle V_1,V_2\rangle,G=\langle V_2,V_2\rangle$. 由此可看出, 预给 V_1,V_2 等价于预给函数 E,F,G. 于是这个改进的本质是: 是否可以选取参数化使得其第一基本形式的系数是预给的函数 E,F,G(当然对应的对称矩阵必须是正定的). 正交参数化的选取相当于预给 $F\equiv 0$ 而 E,G 不作限制. 这个改进的一个特殊情形是: $E=G\equiv 1,F\equiv 0$. 也就是说, 对任意曲面, 是否总能在局部上选取参数化使得其第一基本形式与平面一致? 在曲线论中, 其对应物就是弧长参数化的选取, 此时可以使得 $|\gamma'(s)|\equiv 1$.

注 1.13　两个曲面如果在局部上能够选择参数化使得第一基本形式的系数相同, 那么根据 (1.8) 式, 两个曲面上曲线的弧长, 以及曲线所成的角度和面积等几何信息应该完全一致. 因此, 我们如果能够找到两个曲面之间在弧长、角度、面积以及其衍生物上的差异, 就可断言它们不可能选到具有相同第一

基本形式系数的参数化. 我们下面通过一个直观的论证表明, 球面的任何一点的附近都不可能选取参数化使得第一基本形式的系数与平面的一致. 我们想象 $N=(0,0,1)$ 为单位球面 $\mathbb{S}^2$ 的北极. 取 $\varepsilon>0$ 充分小, 记 $S_\varepsilon(N)$ 是从 N 出发的沿经线走长度为 $\varepsilon>0$ 的点的集合, 它事实上就是球坐标系下的纬圆 $\varphi=\varepsilon$. 我们可以定义球面 $\mathbb{S}^2$ 上的**内蕴距离**为连接两点的曲线长度的下确界, 那么可以证明 $S_\varepsilon(N)$ 就是在内蕴距离下到 N 距离为 ε 的点的集合, 因此是一个球面上的“半径为 ε 的圆”. 直接计算可知这个圆的周长为 $2\pi\sin\varepsilon$, 因此“圆周率”为 $\pi\cdot\dfrac{\sin\varepsilon}{\varepsilon}$, 与平面几何中的圆周率并不相等! 我们注意到上面的所有计算实质上都只与第一基本形式 (即曲面上曲线的弧长) 有关, 这就表明球面上无法选取坐标系使得第一基本形式的系数与平面的一致, 球面是“内蕴弯曲”的!

注 1.14 在曲面论中, 我们仍然能选取到比正交参数化满足更多性质的参数化.

定理 1.2 设 $p\in S$ 是曲面 S 上一点. 那么存在 p 附近的一个参数化 $\boldsymbol{r}:U\to S$, $p\in\boldsymbol{r}(U)$ 使得对任意 $(u,v)\in U$, $E=G, F=0$.

满足上述的结论的坐标系称为**等温坐标系**. 上述结论表明曲面的任意点附近都能找到等温坐标系, 这与曲面上每一点的局部都可赋予复结构有关. 上述等温坐标系的存在性的证明见于各种 Riemann (黎曼) 面的教材, 由于其涉及一些复分析的知识, 与本书主题相距较远, 故不在这里给出.

根据上述讨论, 并非任意两个曲面 (即使是局部上) 都可选择参数化使得第一基本形式有相同的系数, 仅仅由第一基本形式决定的几何就可以包含“弯曲”的信息. 虽然曲面上第一基本形式的定义借助了背景空间 $\mathbb{R}^3$ 的内积结构, 但是一旦确定了第一基本形式 (的系数), 我们就可以抛开背景空间 $\mathbb{R}^3$, 仅仅利用 (1.8) 式来计算曲线的弧长、角度以及面积等几何量. 我们甚至可以任给函数 E, F, G(使得对应的矩阵是正定的) 来定义第一基本形式而研究其能决定的几何, 并忽略这个第一基本形式是否是从某个背景空间诱导而来的. 完全由第一基本形式决定的几何称为内蕴几何, 我们将在下一章展开详细的讨论.

最后, 我们引入**等距**的概念, 来描述那些能选取参数化使得第一基本形式系数相同的曲面.

定义 1.12 设有微分同胚 $f:S\to\widetilde{S}$, 且对任意 $p\in S$ 满足如下性质: 存在 p 附近的参数化 $\boldsymbol{r}:U\to S$, 其对应的第一基本形式系数为 E,F,G, 与 $\widetilde{S}$ 在 $f(p)$ 附近的参数化 $\widetilde{\boldsymbol{r}}:=f\circ\boldsymbol{r}:U\to\widetilde{S}$ 的第一基本形式系数 $\widetilde{E},\widetilde{F},\widetilde{G}$ 对应相等:

$$E=\widetilde{E},\quad F=\widetilde{F},\quad G=\widetilde{G},\quad (u,v)\in U.$$

我们则称 f 是 S 到 $\widetilde{S}$ 的**等距**, 并称 S 与 $\widetilde{S}$ 之间**等距**. 我们称 f 是 S 到 $\widetilde{S}$ 的**局部等距**,

是指对任意 $p\in S$, 都存在 p 在 S 中的邻域 V 使得 $f:V\to f(V)$ 是等距.

注 1.15 f 光滑指的是对任意 S 的参数化 $\boldsymbol{r}:U\to S$, $f\circ\boldsymbol{r}:U\to\widetilde{S}\subseteq\mathbb{R}^3$ 都是光滑的. $f:S\to\widetilde{S}$ 称为一个 (光滑) 微分同胚, 是指 f 是光滑的双射, 且 $f^{-1}:\widetilde{S}\to S$ 也光滑.

根据这个定义, 如果在两个曲面的两个对应点附近能选取 (例如, 通过适当的坐标变换) 具有相同的第一基本形式系数的参数化, 那么曲面在这两个对应点附近是等距的:

命题 1.4 如果存在曲面 $S,\widetilde{S}$ 上对应两点 $p,\widetilde{p}$ 附近的参数化 $\boldsymbol{r}:U\to S$ 以及 $\widetilde{\boldsymbol{r}}:U\to\widetilde{S}$ 使得对应的第一基本形式系数在 U 上相同, 那么 $\boldsymbol{r}(U)\subseteq S$ 与 $\widetilde{\boldsymbol{r}}(U)\subseteq\widetilde{S}$ 是等距的.

证明 只需取 $f=\widetilde{\boldsymbol{r}}\circ\boldsymbol{r}^{-1}$ 直接验证即可. □

习题 1.18 试证明等距可以定义为如下不借助参数化的形式: 微分同胚 $f:S\to\widetilde{S}$ 是等距, 当且仅当对任意 $p\in S$ 以及任意经过 p 的曲线 $\alpha,\beta,\alpha(0)=\beta(0)=p$, 都有

$$\langle\alpha'(0),\beta'(0)\rangle=\langle(f\circ\alpha)'(0),(f\circ\beta)'(0)\rangle.$$

下面我们看几个等距的基本例子.

例 1.9 考虑平面 $\{(x,y,0)|x,y\in\mathbb{R}\}$ 到柱面 $\{(x,y,z)|x^2+y^2=1,z\in\mathbb{R}\}$ 之间的映射

$$f(x,y,0)=(\cos x,\sin x,y).$$

由例 1.6、例 1.7 可知, 这是平面到柱面的局部等距. 几何上, 映射 f 是将一张纸“卷”成一个圆筒的形状. 这个映射保持第一基本形式所对应的几何现象是: 纸上的任意一条线段在卷起来之后是圆筒上的线, 其长度与它在纸上时的长度并没有发生改变.

例 1.10 如果 O 是 $\mathbb{R}^3$ 中的正交变换, $p\in\mathbb{R}^3$, S 是曲面, 则 $O+p$ 在 S 上的限制是 S 到 $O(S)+p$(这也是一个正则曲面) 的等距, 即刚体运动限制到曲面上是等距. 事实上, 任给一个参数化 $\boldsymbol{r}:U\to S$, 只需注意到

$$(O\circ\boldsymbol{r}+p)_u=O(\boldsymbol{r}_u),\quad(O\circ\boldsymbol{r}+p)_v=O(\boldsymbol{r}_v),$$

且对任意 $w,\widetilde{w}\in\mathbb{R}^3$, 都有 $\langle O(w),O(\widetilde{w})\rangle=\langle w,\widetilde{w}\rangle$ 即可. 特别地, 如果 S 是单位球面 $\mathbb{S}^2$, 那么 $O|_{\mathbb{S}^2}$ 是 $\mathbb{S}^2$ 到自身的等距.

习题 1.19 (悬链面) 悬链线

$$x=a\cosh v,\quad z=av,\quad v\in\mathbb{R}$$

绕 z 轴旋转得到的曲面称为**悬链面**. 它的一个参数化为

$$\boldsymbol{r}(u,v)=(a\cosh v\cos u,a\cosh v\sin u,av),\quad v\in\mathbb{R},0<u<2\pi$$

(见习题 1.16).

(1) 计算悬链面的第一基本形式在上述参数化下的系数.

(2) 证明正螺面 (见习题 1.14) 在如下参数化下与悬链面有相同的第一基本形式系数:

$$\boldsymbol{r}(u,v)=(a\sinh v\cos u, a\sinh v\sin u, au),\quad 0<u<2\pi, v\in\mathbb{R}.$$

注意: 与习题 1.14 对比, 将之前的 v 换成 $a\sinh v$.

习题 1.20 试将注 1.13 中的讨论严格化, 证明平面与单位球面的任意两点的任意两个邻域之间都不等距.

1.5 第二基本形式、Gauss 曲率和平均曲率

这一节我们讨论曲面的**外蕴几何**. 这指的是那些与曲面如何放置在背景空间 $\mathbb{R}^3$ 中有关的几何信息. 这是研究曲面弯曲最直观的方式. 在曲线论中, 我们通过研究其切方向和密切平面 (或从法向量) 的变化来研究曲线的弯曲. 这说的其实是曲线的外蕴弯曲. 曲线是没有类似曲面的内蕴弯曲的, 因为其总能选取弧长参数化.

我们将通过两个方法来研究曲面的弯曲: 其一是研究曲面的切平面的变化来研究曲面的弯曲, 这类似于对曲线弯曲的研究; 其二是研究曲面上曲线的弯曲, 利用曲线的弯曲来刻画曲面的弯曲. 当然我们最终会看到它们都导向同一个结果.

1.5.1 Gauss 映射与 Weingarten 变换

我们首先定义曲面的法向量. 任给曲面 S 上一点 $p\in S$, S 在 p 处的**法向量**指在 p 处与 T_pS 正交的向量. 我们记 $N(p)$ 为 S 在 p 处的**单位法向量**. 对每一点 p, $N(p)$ 的选择有两种. 在 p 的一个充分小的邻域内, 我们总可以选择 $N(q)$ 使得 $q\mapsto N(q)$ 是一个光滑映射. 这是因为, 任选 p 附近的参数化 $\boldsymbol{r}:U\to S$, 那么 N 可以有如下两种选择:

$$N(q)=\pm\frac{\boldsymbol{r}_u\wedge\boldsymbol{r}_v}{|\boldsymbol{r}_u\wedge\boldsymbol{r}_v|}(u,v),$$

其中 $q=\boldsymbol{r}(u,v)$(请注意, N 的定义本身并不依赖于参数化的选取). 这样定义的 $N:q\mapsto N(q)\in\mathbb{S}^2$ 称为 p 附近的 **Gauss (高斯) 映射**. 如果曲面 S 上有整体定义的光滑的 Gauss 映射 $N:S\to\mathbb{S}^2$, 我们就称 S 是**可定向的**, N 是 S 的一个**定向**.

由于切平面的变化就是法向量的变化, 因此对映射 N 求导应该能反映出曲面弯曲的信息. 下面我们给定曲面 S 以及 $p\in S$ 并且选取 p 附近的 Gauss 映射 N. 任选 p 附近的参数化 $\boldsymbol{r}:U\to S$, 那么 $N\circ\boldsymbol{r}$ 是 U 到 $\mathbb{S}^2\subseteq\mathbb{R}^3$ 的映射. 我们很多时候都会将 N

理解为 $N\circ\boldsymbol{r}$ 而不加说明. 例如我们会记

$$N_u=(N\circ\boldsymbol{r})_u,\quad N_v=(N\circ\boldsymbol{r})_v,$$

由于 N 是单位长的, 因此 $\langle N_u,N\rangle=\langle N_v,N\rangle=0$. 这表明 $N_u,N_v\in T_{\boldsymbol{r}(u,v)}S$. 因此, 存在矩阵 (a_{ij}) 使得

$$\begin{aligned}N_u&=a_{11}\boldsymbol{r}_u+a_{21}\boldsymbol{r}_v,\\N_v&=a_{12}\boldsymbol{r}_u+a_{22}\boldsymbol{r}_v.\end{aligned}\tag{1.14}$$

因此, 矩阵 (a_{ij}) 反映了曲面的法向量 N 是如何变化的, 即曲面弯曲的信息. 我们称这个矩阵决定的线性变换为 **Weingarten (魏因加滕) 变换**.

定义 1.13　*p 处的* **Weingarten 变换** *$\mathcal{W}$ 定义为 T_pS 到自身的线性映射, 使得其在基 $\{\boldsymbol{r}_u,\boldsymbol{r}_v\}$ 下的矩阵是 $-\begin{pmatrix}a_{11}&a_{12}\\a_{21}&a_{22}\end{pmatrix}$, 等价地, $\mathcal{W}$ 满足 $\mathcal{W}(\boldsymbol{r}_u)=-N_u,\mathcal{W}(\boldsymbol{r}_v)=-N_v$.*

Weingarten 变换不依赖于参数化的选取. 这是因为如果选 p 附近的另一参数化 $\widetilde{\boldsymbol{r}}$, 那么根据 (1.6)式、$\mathcal{W}$ 的线性性以及链式法则,

$$\mathcal{W}(\widetilde{\boldsymbol{r}}_{\widetilde{u}})=\frac{\partial u}{\partial\widetilde{u}}\mathcal{W}(\boldsymbol{r}_u)+\frac{\partial v}{\partial\widetilde{u}}\mathcal{W}(\boldsymbol{r}_v)=-\frac{\partial u}{\partial\widetilde{u}}N_u-\frac{\partial v}{\partial\widetilde{u}}N_v=-N_{\widetilde{u}},$$

$\mathcal{W}(\widetilde{\boldsymbol{r}}_{\widetilde{v}})=-N_{\widetilde{v}}$ 是类似的.

注意到如果改变 N 的选取, $\mathcal{W}$ 的定义将会相差一个负号.

习题 1.21　试证明 Weingarten 变换有如下不借助参数化的定义方式: 任选 $v\in T_pS$, 选取曲线 $\gamma:(-\varepsilon,\varepsilon)\to S$ 使得 $\gamma(0)=p,\gamma'(0)=v$, 那么 $\mathcal{W}(v)=-(N\circ\gamma)'(0)$. 这其实表明 p 处的 Weingarten 变换 $\mathcal{W}$ 是 $-(N-N(p))$ 的线性主部 (微分).

例 1.11　平面的 Weingarten 变换为零. 这是因为平面的单位法向量场不改变, 所以 (在任意参数化下都有) $N_u=N_v\equiv 0$.

例 1.12　我们来计算单位球面 $\mathbb{S}^2$ 的 Weingarten 变换. 我们选取 N 为单位球面的单位内法向 $N=(-x,-y,-z),(x,y,z)\in\mathbb{S}^2$, 即单位球面的位置向量与单位内法向刚好相差一个符号. 因此, 对任意的参数化 $\boldsymbol{r}$, $N(\boldsymbol{r}(u,v))=-\boldsymbol{r}(u,v)$. 那么 $\mathcal{W}(\boldsymbol{r}_u)=-N_u=\boldsymbol{r}_u,\mathcal{W}(\boldsymbol{r}_v)=-N_v=\boldsymbol{r}_v$, 因此 $\mathcal{W}=id$ (恒等变换).

例 1.13　我们计算柱面 $C:x^2+y^2=1$ 的 Weingarten 变换. 我们选取 N 为柱面的单位内法向 $N=(-x,-y,0),(x,y,z)\in C$. 选参数化 $\boldsymbol{r}(u,v)=(\cos u,\sin u,v)$, 我们有 $N(\boldsymbol{r}(u,v))=(-\cos u,-\sin u,0)$. 那么 $\mathcal{W}(\boldsymbol{r}_u)=-N_u=(-\sin u,\cos u,0)=\boldsymbol{r}_u,\mathcal{W}(\boldsymbol{r}_v)=-N_v=0$, 那么对任意 $w=w_1\boldsymbol{r}_u+w_2\boldsymbol{r}_v=(-w_1\sin u,w_1\cos u,w_2)$, $\mathcal{W}(w)=w_1\boldsymbol{r}_u=(-w_1\sin u,w_1\cos u,0)$. 不用参数化来写, 即为

$$\mathcal{W}(-y,x,z)=(-y,x,0),$$

其中 $(-y,x,z)\in T_{(x,y,z)}C$.

命题 1.5 Weingarten 变换关于第一基本形式是自伴的, 即对任意 $v,\widetilde{v}\in T_pS$, 都有

$$\langle \mathcal{W}(v),\widetilde{v}\rangle=\langle v,\mathcal{W}(\widetilde{v})\rangle.$$

证明 我们仅需选取 p 附近的参数化并针对基 $\{\boldsymbol{r}_u,\boldsymbol{r}_v\}$ 进行验证即可. 因此仅需说明

$$\langle -N_u,\boldsymbol{r}_v\rangle=\langle -N_v,\boldsymbol{r}_u\rangle.$$

利用 N 与 $\boldsymbol{r}_v$ 的正交性可知 $\langle N,\boldsymbol{r}_v\rangle_u\equiv 0$, 于是

$$\langle -N_u,\boldsymbol{r}_v\rangle=\langle N,\boldsymbol{r}_{vu}\rangle.$$

同理 $\langle -N_v,\boldsymbol{r}_u\rangle=\langle N,\boldsymbol{r}_{uv}\rangle$. 由于混合偏导数相等, 于是我们完成了证明. □

Weingarten 变换的自伴性告诉我们

$$(v,\widetilde{v})\mapsto\langle v,\mathcal{W}(\widetilde{v})\rangle$$

是 T_pS 上的一个对称双线性型. 等价地, $v\mapsto\langle v,\mathcal{W}(v)\rangle$ 是 T_pS 上的二次型, 我们称之为 S 在 p 处的**第二基本形式**, 记为 II_p, 即 $II_p(v)=\langle v,\mathcal{W}(v)\rangle$. 改变 N 的选择也将会改变第二基本形式的符号.

下面任选 p 附近的参数化 $\boldsymbol{r}:U\to S$, 令 $w=w_1\boldsymbol{r}_u+w_2\boldsymbol{r}_v\in T_pS$, 那么

$$II_p(w)=\langle w,\mathcal{W}(w)\rangle=\begin{pmatrix}w_1 & w_2\end{pmatrix}\begin{pmatrix}E & F\\ F & G\end{pmatrix}\left(-\begin{pmatrix}a_{11} & a_{12}\\ a_{21} & a_{22}\end{pmatrix}\right)\begin{pmatrix}w_1\\ w_2\end{pmatrix},$$

可见第二基本形式的矩阵为如下对称矩阵:

$$\begin{pmatrix}e & f\\ f & g\end{pmatrix}:=-\begin{pmatrix}E & F\\ F & G\end{pmatrix}\begin{pmatrix}a_{11} & a_{12}\\ a_{21} & a_{22}\end{pmatrix}. \tag{1.15}$$

e,f,g 称为第二基本形式的**系数**, 并满足

$$e=\langle \boldsymbol{r}_u,\mathcal{W}(\boldsymbol{r}_u)\rangle,\quad f=\langle \boldsymbol{r}_u,\mathcal{W}(\boldsymbol{r}_v)\rangle,\quad g=\langle \boldsymbol{r}_v,\mathcal{W}(\boldsymbol{r}_v)\rangle.$$

当然, 上述定义并不与特定的 p 有关, 因此在参数化所覆盖的区域内都有定义, e,f,g 是 U 上的函数. e,f,g 的上述表达式有时候不容易用作计算. 由 Weingarten 变换的定义、$\boldsymbol{r}_u$ 与 N 的正交性及 Leibniz (莱布尼茨) 法则,

$$e=\langle \boldsymbol{r}_u,\mathcal{W}(\boldsymbol{r}_u)\rangle=\langle \boldsymbol{r}_u,-N_u\rangle=\langle \boldsymbol{r}_{uu},N\rangle,$$

并且类似地, 我们有

$$f=\langle \boldsymbol{r}_{uv},N\rangle,\quad g=\langle \boldsymbol{r}_{vv},N\rangle.$$

注 1.16 第二基本形式的几何意义可以通过曲面在一点 p 附近的点到 p 处的切平面的距离来研究. 下面我们给定经过 p 的曲线 $\gamma:(-\varepsilon,\varepsilon)\to S$ 使得 $\gamma(0)=p$. $\gamma(t)$ 到 T_pS 的距离为 $d(t)=\langle\gamma(t)-\gamma(0),N(p)\rangle$, 这个距离可以带符号, 它是正的当且仅当 $\gamma(t)$ 位于切平面在 N 指向的那一侧. 我们给定 p 附近的坐标系参数化 $\boldsymbol{r}$ 且设 γ 在坐标系下的表达为 $(u(t),v(t))$, 计算 d 的导数

$$d'(t)=\langle\gamma'(t),N(p)\rangle=\langle u'(t)\boldsymbol{r}_u+v'(t)\boldsymbol{r}_v,N(p)\rangle$$

(注意到 $d'(0)=0$) 以及其二阶导数在 $t=0$ 的取值

$$\begin{aligned}d''(0)&=\langle u'(0)\boldsymbol{r}_u'+v'(0)\boldsymbol{r}_v',N(p)\rangle\\&=\langle(u'(0))^2\boldsymbol{r}_{uu}+2u'(0)v'(0)\boldsymbol{r}_{uv}+(v'(0))^2\boldsymbol{r}_{vv},N(p)\rangle\\&=\left.(e(u')^2+2fu'v'+g(v')^2)\right|_p=II_p(\gamma'(0)).\end{aligned}$$

因此, 我们可以将第二基本形式记为

$$II=e\mathrm{d}u^2+2f\mathrm{d}u\mathrm{d}v+g\mathrm{d}v^2$$

来表示曲面在每一点附近的点距离该点的切平面的距离的主要部分 (Taylor 展开的平方项).

习题 1.22 证明刚体运动不改变曲面的第二基本形式. 准确地说, 设 $\boldsymbol{r}$ 是曲面 S 上的一个参数化, e,f,g 分别是其第二基本形式的系数. 设 O 是 $\mathbb{R}^3$ 中的正交变换, $p\in\mathbb{R}^3$, 则在参数化 $O\circ\boldsymbol{r}+p$ 下, $O(S)+p$ 的第二基本形式系数也是 e,f,g.

习题 1.23 设曲面 S 是一个函数 $f:U\to\mathbb{R}$ 的图像 $\Gamma_f=\{(x,y,z)|z=f(x,y),(x,y)\in U\}$, 那么一个自然的参数化是

$$\boldsymbol{r}(u,v)=(u,v,f(u,v)).$$

试计算 Γ_f 在这个参数化下的第一基本形式与第二基本形式的系数.

习题 1.24 使用习题 1.16 中旋转面的参数化计算旋转面的第二基本形式的系数 (可假设转出旋转面的曲线是弧长参数化的, 即 $(\varphi')^2+(\psi')^2\equiv1$).

1.5.2 法曲率

接下来, 我们通过研究曲面上的曲线来研究曲面的弯曲. 这是一个很自然的思路, 因为曲面的弯曲会导致落在其上的曲线产生弯曲. 例如, 球面上不可能有直线, 从而我们认为球面是弯曲的. 柱面上可以有直线, 也可以有其他曲线, 因此它也应该有某种程度

的弯曲 (但是柱面与平面有相同的第一基本形式!). 另一方面, 平面上也可以有曲线, 因此曲面上曲线的弯曲并非完全是曲面弯曲的产物, 有一部分是曲线"自身"的弯曲. 我们要考虑的是因曲面弯曲的影响而导致的弯曲并排除掉曲线自身弯曲的部分, 这就是法曲率.

下面设 $p \in S$ 且 $\gamma : (-\varepsilon, \varepsilon) \to S$ 是弧长参数化的, 满足 $\gamma(0) = p$. 回忆一下 $\kappa(0) = |\gamma''(0)|$ 是曲线在 p 处的曲率. 我们定义曲线 γ 在 p 处的**法曲率**为

$$\kappa_n(\gamma) = \langle \gamma''(0), N(p) \rangle,$$

其中 $N(p)$ 是 S 在 p 处的一个单位法向量. 这也就是说法曲率是曲线的曲率在曲面法方向的分量. 这里我们不难看出 $\kappa_n(\gamma)$ 正好是注 1.16 中定义的 $d''(0) = II_p(\gamma'(0))$. 特别地, 它不依赖于曲线本身而仅依赖于曲线在 p 处的切向量 (这被称为 Meusnier (默尼耶) 定理). 因此, 我们可以对法曲率作如下定义.

定义 1.14 设 $p \in S, v \in T_pS, |v| = 1$. S 在 p 处关于 v 的**法曲率** $\kappa_n(v)$ 定义为关于满足 $\gamma(0) = p, \gamma'(0) = v$ 的弧长参数化的曲线的 γ 的法曲率 $\langle \gamma''(0), N(p) \rangle$. 等价地, $\kappa_n(v) = II_p(v)$, 其中 II_p 是 S 在 p 处的第二基本形式.

注 1.17 事实上, 我们不需借助第二基本形式就可以证明法曲率的定义只与曲线在 p 处的切向量有关. 法曲率可视作 $\langle \gamma''(s), N(\gamma(s)) \rangle$ 在 $s = 0$ 处的取值, 根据 Leibniz 法则以及 γ' 与 N 的正交性, 可知

$$\langle \gamma''(s), N(\gamma(s)) \rangle \big|_{s=0} = -\langle \gamma'(0), (N(\gamma(s)))' \big|_{s=0} \rangle,$$

根据链式法则, 等号右边当然只与 $\gamma'(0)$ 有关. 进一步, 根据习题 1.21, 等号右边恰好是 $\langle \gamma'(0), \mathcal{W}(\gamma'(0)) \rangle = II_p(\gamma'(0))$, 得到了相同的结果.

我们可以通过**法截线**来表明法曲率确实是曲线的曲率中被曲面弯曲所影响到的部分. 设 $p \in S, v \in T_pS, |v| = 1$. 曲面在 p 处关于 v 的法截线, 指的是经过 p 且由 v 与 p 处的法向量 $N(p)$ 所确定的平面 (称为**法截面**) 与 S 相交所得到的曲线. 我们设这条曲线被弧长参数化为 γ 且 $\gamma(0) = p, \gamma'(0) = v$. 由于 γ 是平面曲线, 因此 $\gamma''(0)$ 也平行于法截面. 但由于 γ 是弧长参数化的, $\gamma'(0)$ 与 $\gamma''(0)$ 正交, 因此 $\gamma''(0)$ 与 $N(p)$ 平行. 因此 $|\gamma''(0)| = |\langle \gamma''(0), N(p) \rangle| = |\kappa_n(v)|$, 即法截线的曲率与法曲率的绝对值相等. 直观上, 由于法截线是法截面 (这是一个平面) 上的曲线, 因此法截线在 p 处没有"自身"的弯曲, 其所有弯曲都是曲面的弯曲造成的.

例 1.14 我们下面通过法截线计算马鞍面 $z = y^2 - x^2$ 在 $(0,0,0)$ 处关于法向 $N = (0,0,1)$ 的法曲率. 任取 $v = (v_1, v_2, 0)$ 是马鞍面在 $(0,0,0)$ 处的单位切向量 $(v_1^2 + v_2^2 = 1)$. 那么对应的法截线可参数化为

$$\gamma_v(t) = (tv_1, tv_2, t^2(v_2^2 - v_1^2)), \quad t \in \mathbb{R}.$$

利用习题 1.3 可直接计算其在 $t=0$ 处的曲率为 $\kappa(v)=2|v_2^2-v_1^2|$. 当 $v_2^2>v_1^2$ 时 $\gamma_v''(0)$ 与 N 同向, $v_2^2<v_1^2$ 时反向, 于是可知马鞍面在 $(0,0,0)$ 处关于 $N=(0,0,1)$ 的法曲率

$$\kappa_n(v)=2(v_2^2-v_1^2).$$

1.5.3　主曲率、Gauss 曲率与平均曲率

无论以何种方式, 我们都将曲面的弯曲归结到其第二基本形式 (或 Weingarten 变换) 上. 因为我们关心的是在重新参数化下不变的性质, 回顾一个线性变换的与基选取无关的行为就完全归结到其特征值上, 我们应该考虑 Weingarten 变换的特征值.

习题 1.25　对任意 $p\in S$, p 处的 Weingarten 变换 $\mathcal{W}$ 存在两个实的特征值 $\kappa_1\geqslant\kappa_2$, 且可选择对应的单位正交的特征向量 $e_1,e_2\in T_pS$. 此外, κ_1,κ_2 分别满足

$$\kappa_1=\max_{|v|=1}\kappa_n(v),\quad \kappa_2=\min_{|v|=1}\kappa_n(v).$$

试证明此结论.

定义 1.15　对任意 $p\in S$, p 处的 Weingarten 变换 $\mathcal{W}$ 的两个特征值 κ_1 和 κ_2 称为 S 在 p 处的**主曲率**, 对应的单位特征向量 $e_1,e_2\in T_pS$ 称为**主方向**.

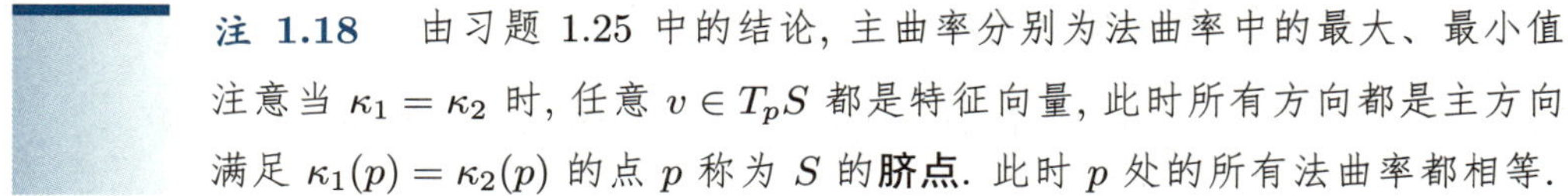

注 1.18　由习题 1.25 中的结论, 主曲率分别为法曲率中的最大、最小值. 注意当 $\kappa_1=\kappa_2$ 时, 任意 $v\in T_pS$ 都是特征向量, 此时所有方向都是主方向. 满足 $\kappa_1(p)=\kappa_2(p)$ 的点 p 称为 S 的**脐点**. 此时 p 处的所有法曲率都相等.

习题 1.26　依如下步骤证明若连通的正则曲面 S 上任一点都是脐点 (称为**全脐点曲面**), 那么 S 是平面或球面的一个开子集.

(1) 设 $\kappa=\kappa(p)$ 是 p 处的法曲率, 选取参数化 $\boldsymbol{r}$ 并证明 $N_u=-\kappa\boldsymbol{r}_u, N_v=-\kappa\boldsymbol{r}_v$. 据此证明 κ 在 S 上是常数.

(2) 证明 $\kappa\equiv0$ 时 S 为平面的开子集, κ 为非零常数时 S 为球面的开子集.

习题 1.27 (Euler (欧拉) 公式)　设 κ_1,κ_2 是曲面在一点 p 处的主曲率, e_1,e_2 是对应的单位正交的主方向, $v\in T_pS, |v|=1$ 且 v 与 e_1 的夹角为 θ. 证明

$$\kappa_n(v)=\kappa_1\cos^2\theta+\kappa_2\sin^2\theta.$$

注意到 κ_1,κ_2 作为 p 的函数可能存在不光滑点 (在 $\kappa_1=\kappa_2$ 处产生), 因此 κ_1,κ_2 通常不是好的研究对象. 对于可对角化的 2 维的线性变换 $\mathcal{W}$ 而言, 它的行列式和迹 (是光滑的) 足以完全代替其两个特征值, 是好的研究对象.

定义 1.16　定义 S 在 p 处的 **Gauss 曲率** $K(p):=\det\mathcal{W}=\kappa_1\kappa_2$, **平均曲率** $H(p):=\operatorname{tr}\mathcal{W}=\kappa_1+\kappa_2$.(有些教科书定义平均曲率 $H(p)=\dfrac{1}{2}\operatorname{tr}\mathcal{W}$.)

由 (1.15) 式, Weingarten 变换在坐标基 $\{\boldsymbol{r}_u, \boldsymbol{r}_v\}$ 下的矩阵为

$$-\begin{pmatrix} a_{11} & a_{12} \\ a_{21} & a_{22} \end{pmatrix} = \begin{pmatrix} E & F \\ F & G \end{pmatrix}^{-1} \begin{pmatrix} e & f \\ f & g \end{pmatrix},$$

因此根据行列式的形式, 其 Gauss 曲率在坐标系下的表达为

$$K = a_{11}a_{22} - a_{12}a_{21} = \frac{eg - f^2}{EG - F^2},$$

其平均曲率为

$$H = -a_{11} - a_{22} = \frac{eG - 2fF + gE}{EG - F^2}.$$

由于 $K = \kappa_1\kappa_2, H = \kappa_1 + \kappa_2$, 通过二次方程求根公式可知

$$\kappa_1 = \frac{H + \sqrt{H^2 - 4K}}{2}, \quad \kappa_2 = \frac{H - \sqrt{H^2 - 4K}}{2}.$$

习题 1.28 计算环面在参数化 (1.5) 下的第二基本形式系数, 计算 Gauss 曲率 K 及其在环面上的积分

$$\iint_{0<\theta,\varphi<2\pi} K\sqrt{EG - F^2}\mathrm{d}\theta\mathrm{d}\varphi.$$

习题 1.29 (Enneper (恩尼珀) 曲面) 考虑参数曲面

$$\boldsymbol{r}(u, v) = \left(u - \frac{u^3}{3} + uv^2, v - \frac{v^3}{3} + vu^2, u^2 - v^2\right),$$

试证明:

(1) 证明其第一基本形式系数 $E = G = (1 + u^2 + v^2)^2, F = 0$.

(2) 证明其第二基本形式系数 $e = 2, g = -2, f = 0$.

(3) 证明其主曲率分别是 $\pm\dfrac{2}{(1 + u^2 + v^2)^2}$.

(4) 证明 $\dfrac{\boldsymbol{r}_u}{\sqrt{E}}, \dfrac{\boldsymbol{r}_v}{\sqrt{G}}$ 在每一点处都是主方向.

习题 1.30 证明 Gauss 曲率有如下几何意义. 将 Gauss 映射视作曲面 S 到单位球面 $\mathbb{S}^2$ 的映射. 设 $p \in S$ 满足 $K(p) \neq 0$. 设 Ω 是 S 中 p 的邻域, 则 $N(\Omega)$ 是单位球面上 $N(p)$ 的邻域. 证明

$$|K(p)| = \lim_{\Omega \to p} \frac{\mathrm{Area}(N(\Omega))}{\mathrm{Area}(\Omega)},$$

其中 Area 指相关区域的面积, $\Omega \to p$ 指的是 $\sup\limits_{x \in \Omega} |p - x| \to 0$.

习题 1.31 证明正螺面 (见习题 1.14) 与悬链面 (见习题 1.19) 均满足平均曲率 $H \equiv 0$. 平均曲率为零的曲面称为**极小曲面**. 证明 $\mathbb{R}^3$ 中不存在紧的极小曲面.

习题 1.32 在习题 1.24 的基础上, 在 $(\varphi')^2+(\psi')^2\equiv 1$ 的假设下, 证明旋转面满足

$$K=-\frac{\varphi''}{\varphi},\quad H=\frac{\psi'}{\varphi}-\frac{\varphi''}{\psi'}.$$

试求出所有具有常 Gauss 曲率及常平均曲率的旋转面.

1.6 Gauss 绝妙定理与曲面论基本定理

这一节我们将推导 Gauss 的绝妙发现: 通过外蕴几何定义的 Gauss 曲率由内蕴几何完全决定. 当然, 既然是绝妙的发现, 那么我们的推导最开始的目标并不是这个发现. 我们的推导开始于如下自然的问题: 第一基本形式与第二基本形式是否包括了曲面的所有几何信息? 在曲线的情形, 我们有问类似的问题: 曲率和挠率是否能完全决定曲线? 这通过曲线论基本定理得到了解答. 在曲线论中, 回答这个问题的方法是选取 Frenet 标架 $\{t,n,b\}$ 并研究它们的运动. 因此, 在曲面的研究中, 我们也应选取标架并研究它们的运动.

1.6.1 自然标架的运动方程

在上文中, 我们在切平面上使用最多的是坐标基 $\{\boldsymbol{r}_u,\boldsymbol{r}_v\}$, 如果加上单位法向量取为 $N=\dfrac{\boldsymbol{r}_u\wedge\boldsymbol{r}_v}{|\boldsymbol{r}_u\wedge\boldsymbol{r}_v|}$, 我们就得到每一点 $p\in S$ 的一组自然基 $\{\boldsymbol{r}_u,\boldsymbol{r}_v,N\}$.

为了下面的计算便于书写, 要稍微改变我们的记号, 并且引入 **Einstein (爱因斯坦) 求和约定**. 首先, 将 (u,v) 坐标记为 (u^1,u^2), 注意我们采用上标的形式, 马上会看到好处. 然后, 将 $\boldsymbol{r}_u,\boldsymbol{r}_v$ 记为 $\boldsymbol{r}_1,\boldsymbol{r}_2$. 我们也记 $\partial_i=\dfrac{\partial}{\partial u^i}$(我们会使用拉丁字母 i,j,k,l,m,n 等来表示 1 或者 2), 这样 $\boldsymbol{r}_{ij}$ 表示 $\partial_j\boldsymbol{r}_i$, $\boldsymbol{r}_{ijk}=\partial_k\partial_j\boldsymbol{r}_i$, 等等. 而 Einstein 求和约定, 指的是在一个表达式中, 如果同样的字母在上下指标重复出现, 那么在实际运算中就要对该指标 (从 1 到 2) 求和. 例如, 我们可以将切向量 w 表示为 $w=w^1\boldsymbol{r}_1+w^2\boldsymbol{r}_2=w^i\boldsymbol{r}_i$, 其中 w^1,w^2 是 w 的分量函数 (我们也采用上标). 对于第一基本形式和第二基本形式, 我们记

$$g_{ij}=\langle\boldsymbol{r}_i,\boldsymbol{r}_j\rangle,\quad A_{ij}=\langle\boldsymbol{r}_{ij},N\rangle,\quad i,j=1,2$$

为第一基本形式和第二基本形式的系数. 没有重复求和的指标表明这些指标必须取遍 1, 2 来得到一系列方程, 因此很多时候我们会隐去“$i,j=1,2$”等类似的说明. 用回原来的记号, 那就是

$$E=g_{11},\quad F=g_{12}=g_{21},\quad G=g_{22},\quad e=A_{11},\quad f=A_{12}=A_{21},\quad g=A_{22}.$$

最后, 我们记 g^{ij} 是 g_{ij} 的逆矩阵的分量.

例 1.15 我们使用 Einstein 求和约定来做一个热身, 重新推导 (1.10) 式. 如果我们将 $(\widetilde{u},\widetilde{v})$ 记为 $(\widetilde{u}^1,\widetilde{u}^2)$, 那么 $\widetilde{\boldsymbol{r}}_{\widetilde{u}},\widetilde{\boldsymbol{r}}_{\widetilde{v}}$ 为 $\widetilde{\boldsymbol{r}}_1,\widetilde{\boldsymbol{r}}_2$. 这样 (1.6) 式可以表示为

$$\widetilde{\boldsymbol{r}}_i = \frac{\partial u^k}{\partial \widetilde{u}^i}\boldsymbol{r}_k.$$

于是 $\widetilde{\boldsymbol{r}}$ 对应的第一基本形式系数

$$\widetilde{g}_{ij} = \langle \widetilde{\boldsymbol{r}}_i, \widetilde{\boldsymbol{r}}_j\rangle = \left\langle \frac{\partial u^k}{\partial \widetilde{u}^i}\boldsymbol{r}_k, \frac{\partial u^l}{\partial \widetilde{u}^j}\boldsymbol{r}_l\right\rangle = \frac{\partial u^k}{\partial \widetilde{u}^i}\frac{\partial u^l}{\partial \widetilde{u}^j}\langle \boldsymbol{r}_k, \boldsymbol{r}_l\rangle = \frac{\partial u^k}{\partial \widetilde{u}^i}\frac{\partial u^l}{\partial \widetilde{u}^j}g_{kl}.$$

这就得到了 (1.10) 式 (请注意对比).

下面我们选定曲面 S 的参数化 $\boldsymbol{r}$, 在参数化覆盖的范围内, 计算自然标架 $\{\boldsymbol{r}_1,\boldsymbol{r}_2,N\}$ 在曲面上的运动情况. 我们需要对这些向量场求偏导数. 由于 $\boldsymbol{r}_{ij}$ 能用自然标架线性表出, 我们记

$$\boldsymbol{r}_{ij} = \Gamma^k_{ij}\boldsymbol{r}_k + C_{ij}N, \tag{1.16}$$

这里 Γ^k_{ij} 称为 S 在参数化 $\boldsymbol{r}$ 下的 **Christoffel (克里斯托费尔) 符号**.

$$C_{ij} = \langle \boldsymbol{r}_{ij}, N\rangle = A_{ij}$$

恰好是第二基本形式的系数. 由于 $\boldsymbol{r}_{ij} = \boldsymbol{r}_{ji}$, 因此

$$\Gamma^k_{ij} = \Gamma^k_{ji}. \tag{1.17}$$

为计算 Γ^k_{ij}, 根据 (1.16) 式以及 $\boldsymbol{r}_i$ 与 N 的正交性, 我们可得

$$\partial_k g_{ij} = \partial_k\langle \boldsymbol{r}_i, \boldsymbol{r}_j\rangle = \langle \boldsymbol{r}_{ik}, \boldsymbol{r}_j\rangle + \langle \boldsymbol{r}_i, \boldsymbol{r}_{jk}\rangle = \langle \Gamma^l_{ik}\boldsymbol{r}_l, \boldsymbol{r}_j\rangle + \langle \boldsymbol{r}_i, \Gamma^l_{jk}\boldsymbol{r}_l\rangle = \Gamma^l_{ik}g_{lj} + \Gamma^l_{jk}g_{li},$$

由于 i,j,k 是任取的, 因此根据上式以及 (1.17) 式可以得到

$$\partial_i g_{jk} + \partial_j g_{ik} - \partial_k g_{ij} = 2\Gamma^l_{ij}g_{lk}.$$

两边同乘 g^{km}(并对 k 求和), 右边变成 $2\Gamma^l_{ij}g_{lk}g^{km} = 2\Gamma^l_{ij}\delta^m_l = 2\Gamma^m_{ij}$, 其中 δ^m_l 是 Kronecker (克罗内克) 记号: $i=j$ 时 $\delta^j_i = 1$, $i\neq j$ 时 $\delta^j_i = 0$. 这里利用的 (g^{ij}) 是 (g_{ij}) 的逆矩阵. 于是我们得到 (将指标 m 换回 k)

$$\Gamma^k_{ij} = \frac{1}{2}g^{kl}(\partial_i g_{jl} + \partial_j g_{il} - \partial_l g_{ij}). \tag{1.18}$$

就我们目前而言, 这个表达式最重要的是指出 Christoffel 符号只与第一基本形式有关. Christoffel 符号可以通过内蕴的方式定义, 见定义 2.3.

习题 1.33 试将 Christoffel 符号用 E,F,G 的记号表示. 此外, 试不用上述公式, 直接推导当 $F=0$ 时 Christoffel 符号用 E,G 表示的表达式.

接下来, 根据 (1.14) 式以及 (1.15) 式, 可知

$$N_i = -g^{jk} A_{ij} \boldsymbol{r}_k.$$

当然, 我们可以不借助这些表达式, 利用 Einstein 求和约定直接推导. 事实上, 由于 N 是单位长的, 故 N_i 与 N 正交, 我们设

$$N_i = a_i^k \boldsymbol{r}_k,$$

两边与 $\boldsymbol{r}_j$ 作内积可得

$$-A_{ij} = a_i^k g_{jk}.$$

两边乘 g^{jl} 并调整指标即可得到 N_i 的表达式.

我们将上面推导的关于自然标架 $\{\boldsymbol{r}_1, \boldsymbol{r}_2, N\}$ 的运动方程总结为

$$\begin{cases} \boldsymbol{r}_{ij} = \Gamma_{ij}^k \boldsymbol{r}_k + A_{ij} N, \\ N_i = -g^{jk} A_{ij} \boldsymbol{r}_k. \end{cases} \tag{1.19}$$

1.6.2 Gauss-Codazzi 方程与绝妙定理

从运动方程 (1.19) 可看出, 自然标架的导数由自身线性表出的系数可以由第一、第二基本形式完全决定. 与曲线的情形类似, 这应该预示着第一、第二基本形式就是曲面所有的几何信息. 于是, 我们很自然去问任给对称正定矩阵 (g_{ij}) 以及对称矩阵 (A_{ij}), 是否存在唯一 (相差一个刚体运动) 的曲面 S 使得 S 以 g_{ij}, A_{ij} 为第一、第二基本形式的系数. 然而, 作为一个偏微分方程组, (1.19) 并非总有解. 例如, 方程组

$$\frac{\partial f}{\partial u} = P, \quad \frac{\partial f}{\partial v} = Q$$

在单连通区域上有解的充分必要条件是

$$\frac{\partial Q}{\partial u} - \frac{\partial P}{\partial v} \equiv 0.$$

这个条件等价于混合偏导数相等 $f_{uv} = f_{vu}$. 因此, 为了方程组 (1.19) 有解, 预给的 (g_{ij}) 以及 (A_{ij}) 必须满足一组等价于 $\boldsymbol{r}, N$ 的混合偏导数相等的方程组, 也就是说

$$\begin{cases} \boldsymbol{r}_{kji} = \boldsymbol{r}_{kij}, \\ N_{ij} = N_{ji}. \end{cases}$$

这就是 (1.19) 的可积性条件.

由 $\boldsymbol{r}_{lji} = \boldsymbol{r}_{lij}$ 可得

$$\left(\Gamma_{lj}^k \boldsymbol{r}_k + A_{lj} N\right)_i = \left(\Gamma_{li}^k \boldsymbol{r}_k + A_{li} N\right)_j,$$

我们仅需计算等号左边并交换 i,j 即可. 直接计算可知左边等于

$$\partial_i\Gamma_{lj}^k\boldsymbol{r}_k+\Gamma_{lj}^k\boldsymbol{r}_{ki}+\partial_iA_{lj}N+A_{lj}N_i,$$

代入 (1.19) 可得

$$\partial_i\Gamma_{lj}^k\boldsymbol{r}_k+\Gamma_{lj}^k(\Gamma_{ki}^m\boldsymbol{r}_m+A_{ki}N)+\partial_iA_{lj}N-A_{lj}g^{mk}A_{im}\boldsymbol{r}_k,$$

注意到第二项中 m,k 指标皆为求和, 因此可以将之交换, 也就是说 $\Gamma_{lj}^k\Gamma_{ki}^m\boldsymbol{r}_m=\Gamma_{lj}^m\Gamma_{mi}^k\boldsymbol{r}_k$, 代入到上式可得

$$(\partial_i\Gamma_{lj}^k+\Gamma_{lj}^m\Gamma_{mi}^k-A_{lj}g^{mk}A_{im})\boldsymbol{r}_k+(\partial_iA_{lj}+\Gamma_{lj}^kA_{ki})N.$$

由可积性条件, 此时交换 i,j 后相等, 因此比较各项的系数可得

$$\begin{cases}(\text{Gauss})\ \partial_i\Gamma_{lj}^k+\Gamma_{lj}^m\Gamma_{mi}^k-A_{lj}g^{mk}A_{im}=\partial_j\Gamma_{li}^k+\Gamma_{li}^m\Gamma_{mj}^k-A_{li}g^{mk}A_{jm},\\(\text{Codazzi})\ \partial_iA_{lj}+\Gamma_{lj}^kA_{ki}=\partial_jA_{li}+\Gamma_{li}^kA_{kj}.\end{cases}\tag{1.20}$$

这两个方程 (组) 分别称为 **Gauss 方程**和 **Codazzi (科达齐) 方程**.

我们引入记号

$$R_{ijkl}=g_{kn}\left(\partial_i\Gamma_{lj}^n-\partial_j\Gamma_{li}^n+\Gamma_{lj}^m\Gamma_{mi}^n-\Gamma_{li}^m\Gamma_{mj}^n\right),$$

Gauss 方程化为

$$R_{ijkl}=A_{ik}A_{jl}-A_{il}A_{jk}.\tag{1.21}$$

这个方程看上去有 $2^4=16$ 个独立的方程, 但是左右两边的项都有相当高的对称性 (见习题 1.34), 使得这个方程实际上只有一个独立的分量:

$$R_{1212}=A_{11}A_{22}-(A_{12})^2=K(EG-F^2).\tag{1.22}$$

这就得到了 **Gauss 绝妙定理**.

定理 1.3 (Gauss 绝妙定理) 曲面的 Gauss 曲率只与曲面的第一基本形式有关.

注 1.19 这里 R_{ijkl} 实际上是内蕴定义的 Riemann 曲率张量, 我们将在下一章展开讨论.

习题 1.34 利用 (1.18) 式代入 R_{ijkl} 的定义中, 证明 R_{ijkl} 有如下对称性:

$$R_{ijkl}=-R_{jikl}=R_{jilk}=R_{klij},$$

并据此证明 (1.21) 式只有一个独立的分量.

习题 1.35　在命题 1.3 中, 我们证明了局部上总能找到使得 $F\equiv 0$ 的正交参数化. 证明在正交参数化下, (1.22) 式等价于如下 Gauss 曲率 K 的计算方式:

$$K=-\frac{1}{\sqrt{EG}}\left(\left(\frac{(\sqrt{E})_v}{\sqrt{G}}\right)_v+\left(\frac{(\sqrt{G})_u}{\sqrt{E}}\right)_u\right). \tag{1.23}$$

进一步证明在等温坐标系下

$$K=-\frac{1}{2\lambda}\Delta(\log\lambda),$$

其中 $\lambda=E=G$. 据此在球极投影 (见习题 1.12) 下计算球面的 Gauss 曲率.

习题 1.36　利用 Gauss 绝妙定理证明平面和球面之间不存在局部等距. 试与习题 1.20 的证明相比较.

而 Codazzi 方程中必须取 $i\neq j(i=j$ 的情形不含任何实质信息), 因此实际上只有两个独立的分量 $i=1,j=2,l=1,2$.

习题 1.37　在正交参数化下证明 Codazzi 方程具有如下形式:

$$\left(\frac{e}{\sqrt{E}}\right)_v-\left(\frac{f}{\sqrt{E}}\right)_u-g\frac{(\sqrt{E})_v}{G}-f\frac{(\sqrt{G})_u}{\sqrt{EG}}=0,$$
$$\left(\frac{g}{\sqrt{G}}\right)_u-\left(\frac{f}{\sqrt{G}}\right)_v-e\frac{(\sqrt{G})_u}{E}-f\frac{(\sqrt{E})_v}{\sqrt{EG}}=0.$$

最后, 我们还有另一可积性条件 $N_{ij}=N_{ji}$. 这个条件可表示为

$$\left(g^{lk}A_{il}\boldsymbol{r}_k\right)_j=\left(g^{lk}A_{jl}\boldsymbol{r}_k\right)_i.$$

直接计算可表明这个方程等价于 Codazzi 方程. 这样, Gauss-Codazzi 方程 (1.20) 就给出了 (1.19) 的所有可积性条件.

习题 1.38　试证明 $N_{ij}=N_{ji}$ 没有给出更多的方程.

1.6.3　曲面论基本定理

最后, 我们证明曲面论基本定理. 与曲线论基本定理一样, 这个定理表明满足 Gauss-Codazzi 方程的第一、第二基本形式可以完全决定一个曲面.

定理 1.4 (曲面论基本定理)　设 $V\subseteq\mathbb{R}^2$ 是一个开集且 $(g_{ij}),(A_{ij})$ 是 V 上的光滑 (矩阵) 函数. 设 (g_{ij}) 对称正定, (A_{ij}) 对称, 且它们满足 Gauss-Codazzi 方程 (1.20). 那么, 对任意 $(u_0^1,u_0^2)\in V$, 都存在 (u_0^1,u_0^2) 的邻域 $U\subseteq V$, 以及正则参数化曲面 $\boldsymbol{r}:U\to\boldsymbol{r}(U)\subset\mathbb{R}^3$, 使得 $\boldsymbol{r}(U)$ 是正则曲面且在参数化 $\boldsymbol{r}$ 下以 $(g_{ij}),(A_{ij})$ 为其第一、第二基本形式的系数矩阵. 如果 U 连通且存在另一 $\widetilde{\boldsymbol{r}}$ 满足相同的条件, 那么存在 $\mathbb{R}^3$ 中的正交变换 O, 以及 $p\in\mathbb{R}^3$ 使得

$$\widetilde{\boldsymbol{r}}=O\circ\boldsymbol{r}+p.$$

证明 根据 (1.19), 我们在 V 中考虑方程组

$$\begin{cases}(\xi_i)_j = \Gamma_{ij}^k \xi_k + A_{ij}\xi_3, \\ (\xi_3)_i = -g^{jk}A_{ij}\xi_k,\end{cases} \quad i,j=1,2, \tag{1.24}$$

其中 ξ_1,ξ_2,ξ_3 是 V 上的未知 $\mathbb{R}^3$ 向量值函数, Γ_{ij}^k 由 (1.18) 式给出. 上文我们说明了 Gauss-Codazzi 方程 (1.20) 就是方程组 (1.24) 的可积性条件. 任意给定初值条件

$$\xi_\mu(u_0^1,u_0^2) = (\xi_\mu)_0, \quad \mu=1,2,3,$$

根据微分方程的理论, 可知存在 (u_0^1,u_0^2) 的一个邻域 $U\subseteq V$ 使得在 U 中存在唯一解 (ξ_1,ξ_2,ξ_3) 满足方程组 (1.24). 此时, 由 Γ_{ij}^k 以及 A_{ij} 的关于 i,j 的对称性, 可知

$$(\xi_i)_j = (\xi_j)_i,$$

因此, 存在唯一映射 $\boldsymbol{r}:V\to\mathbb{R}^3$ 使得 $\boldsymbol{r}_i=\xi_i$.

下面我们要说明 $\boldsymbol{r}(V)$ 是正则曲面 (可能要缩小 V) 并且曲面 $\boldsymbol{r}(V)$ 以 g_{ij},A_{ij} 为第一、第二基本形式系数. 首先, 我们可以选择 ξ_μ 的初值对任意 $i,j=1,2$, 在 (u_0^1,u_0^2) 处满足:

$$\langle\xi_i,\xi_j\rangle = g_{ij}, \quad \langle\xi_i,\xi_3\rangle=0, \quad |\xi_3|^2=1.$$

我们还可以选择 ξ_3 使得 $\{\xi_1,\xi_2,\xi_3\}$ 成右手系. 这样, 在 (u_0^1,u_0^2) 处 $\boldsymbol{r}_1\wedge\boldsymbol{r}_2\neq 0$, 根据连续性, 我们可以缩小 V 使得在 V 内 $\boldsymbol{r}_1\wedge\boldsymbol{r}_2\neq 0$, $\boldsymbol{r}(V)$ 是正则曲面 (见习题 1.9) 且 $\boldsymbol{r}:V\to\boldsymbol{r}(V)$ 是其参数化.

接下来, 我们要证明 $\boldsymbol{r}(V)$ 在参数化 $\boldsymbol{r}$ 下的第一、第二基本形式系数确实是预先给定的函数 g_{ij},A_{ij}. 这个证明的想法类似于曲线论基本定理的对应部分, 我们把这留作习题.

习题 1.39 推导如下一些量所满足的偏微分方程组

$$\langle\boldsymbol{r}_i,\boldsymbol{r}_j\rangle, \quad \langle\boldsymbol{r}_i,\xi_3\rangle, \quad \langle\xi_3,\xi_3\rangle,$$

并利用唯一性说明 $\{\boldsymbol{r}_1,\boldsymbol{r}_2,\xi_3\}$ 确实是成右手系的正交标架, 且

$$g_{ij} = \langle\boldsymbol{r}_i,\boldsymbol{r}_j\rangle,$$

这就说明了 g_{ij} 是曲面 $\boldsymbol{r}(V)$ 的第一基本形式系数.

习题 1.40 利用 $\boldsymbol{r}_i=\xi_i,\xi_3$ 所满足的方程 (1.24), 证明 A_{ij} 确实是曲面 $\boldsymbol{r}(V)$ 的第二基本形式系数.

最后, 如果两个参数曲面 $\boldsymbol{r}, \widetilde{\boldsymbol{r}} : V \to \mathbb{R}^3$ 有相同的第一、第二基本形式系数, 那么它们就满足相同的微分方程组 (1.19). 特别地, $\xi_i = \boldsymbol{r}_i, \widetilde{\xi}_i = \widetilde{\boldsymbol{r}}_i$ 以及对应的法向 $\xi_3 = N, \widetilde{\xi}_3 = \widetilde{N}$, 满足具有相同系数的方程组 (1.24), 并且这组方程组在刚体运动下不改变. 于是, 我们仅需选取正交变换 O 以及 $p \in \mathbb{R}^3$ 使得在 (u_0^1, u_0^2) 处 $\widetilde{\boldsymbol{r}} = \boldsymbol{r} + p, O(\xi_\mu) = \widetilde{\xi}_\mu, \mu = 1, 2, 3$, 那么根据偏微分方程组的唯一性, 即可得到 $\widetilde{\boldsymbol{r}} = O \circ \boldsymbol{r} + p$. □

第二章

曲面的内蕴几何

2.1 曲面内蕴几何概述

中国古代有“天圆地方”的说法, 即古人认为“天似华盖, 形圆; 地如棋盘, 形方”; 而在大航海时代之前, 西方人也普遍认为世界是平的. 这些观念都来自人们对所身处世界的朴素直观. 得益于现代科技的发展, 今天我们已经可以利用卫星从太空拍摄地球的照片, 从而清晰地看到地球的表面是一个球面, 而非一个平面. 一个有趣的问题是: 在不离开地球表面的情况下, 我们是否可以证明世界不是平坦的?

不同于上一章将曲面作为三维空间中的对象来研究的“外蕴几何”, 这种不借助外围空间作为研究工具的几何称为“内蕴几何”. 更准确地说, 内蕴几何是建立在曲面自身的距离结构之上的几何学.

我们定义曲面 S 上任意两点的距离为曲面上连接这两点的所有曲线长度的下确界

$$d_S(p,q)=\inf_{\gamma}\{L(\gamma)|\gamma(t)\in S, t\in[a,b];\gamma(a)=p,\gamma(b)=q\}.$$

如果 S 是 $\mathbb{R}^3$ 中的一张曲面, 曲线 γ 的长度可以利用 $\mathbb{R}^3$ 的标准距离结构计算得出. 然而, 如果我们仅假定 S 是一张拓扑曲面, 即 S 上每点存在一个同胚于 $\mathbb{R}^2$ 中开集的邻域, 则并没有一个合理的方式确定曲线 γ 的长度.

注意到 $\mathbb{R}^3$ 中曲线长度可以通过对曲线切向量的长度进行积分得到:

$$L(\gamma)=\int_a^b|\gamma'(t)|\mathrm{d}t.$$

因此, 我们需要首先知道如何计算曲面上一点处切向量的长度. 然而这又带来了另一个棘手的问题: 如何不借助外在空间 $\mathbb{R}^3$ 来定义曲面在一点的切向量?

为解决这一问题, 我们需要重新审视切向量的概念, 仅利用自身结构来定义曲面在一点处的切向量, 进而得到一个内蕴定义的切平面的概念. 之后通过在每点处赋予切平面一个正定二次型, 即所谓“Riemann 度量”, 从而给出曲面上切向量长度的计算方法.

通过 Riemann 度量赋予曲面距离结构后, 我们就可以系统地研究曲面的内蕴几何学. 作为曲面的一种几何学, 理论本身应当不依赖于曲面参数化的选取. 通过将欧氏空间中的向量平移以及微积分中求导的概念推广到曲面上, 我们可以引入联络及协变导数的概念, 从而发展一套完整的曲面微积分理论, 用于研究曲面的内蕴几何学.

研究曲面内蕴几何的另一个重要工具是活动标架及曲面的结构方程. 历史上, 活动标架法是由法国数学家 É.Cartan 发明并广泛应用于诸多几何问题的研究中. 特别地, 活动标架法将计算曲率的求导运算转化为代数运算, 具有极大的便利性. 1944 年, 数学大师陈省身先生就是利用活动标架法首次给出了任意维数闭 Riemann 流形上 Gauss-Bonnet(高斯–博内) 公式的内蕴证明[3]. 陈先生的证明十分简洁优美, 这一结果也成了整体微分几何发展史上具有里程碑意义的工作.

本章中, 我们将沿着上面这一思路系统地研究曲面的内蕴几何学.

2.2 Riemann 度量

在讨论曲面的内蕴几何之前, 我们首先对曲面的概念做一个简单的拓展. 在上一章中我们定义了正则曲面的概念 (见定义 1.7), 假设曲面 S 是落在欧氏空间 $\mathbb{R}^3$ 中的. 这样做的好处是可以利用欧氏空间 $\mathbb{R}^3$ 中的微积分以及线性代数工具来研究曲面的几何, 因而十分便利. 然而, 从纯粹内蕴的观点来看, 当讨论曲面的内蕴几何时, 我们是看不到这个外围空间 $\mathbb{R}^3$ 的. 因此, 事实上我们也并不需要假定曲面落在三维欧氏空间中.

我们将定义 1.7 稍作修改, 得到一个拓展的曲面定义:

定义 2.1 设 S 是一个拓扑空间. 如果对任意点 $P \in S$, 都存在 P 点的一个邻域 $U \subseteq S$ 以及映射

$$\varphi : U \to V,$$

其中 $V \subseteq \mathbb{R}^2$ 是平面中的一个开集, 使得 φ 是一个**同胚**, 即 φ 是双射且 φ 与 φ^{-1} 均连续, 则称 S 是一个**拓扑曲面**. 同时, φ 称为 P 点附近的一个局部坐标 (图 2.1).

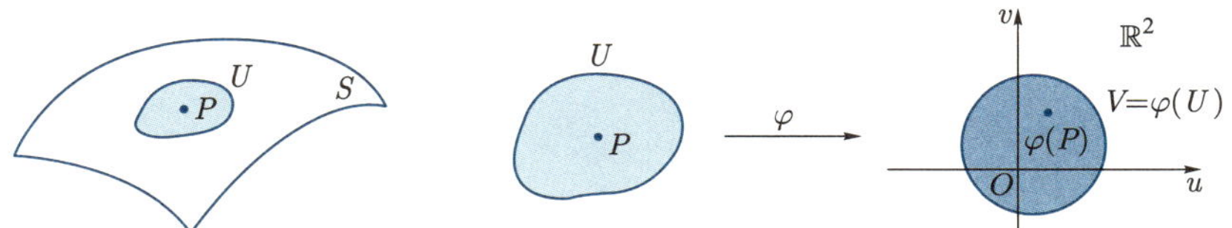

图 2.1 曲面局部坐标

显然, 定义中的 φ 是不唯一的. 例如, 取

$$\psi : V \to W$$

为 $\mathbb{R}^2$ 中两个不同开集 V, W 之间的同胚映射, 则 $\psi \circ \varphi$ 也是 P 点的一个局部坐标.

为了能在曲面上使用微积分工具, 我们需要曲面具有一定的光滑性. 然而, 我们仅假定 S 是一个拓扑空间, 因而很难直接讨论映射 φ 的可微性质. 回忆我们熟知的欧氏空间的微积分理论, 导数的概念可以对欧氏空间之间的映射定义. 设 φ_1, φ_2 为点 P 的两个局部坐标, 则映射 $\varphi_2 \circ \varphi_1^{-1}$ 是 $\mathbb{R}^2$ 中的两个开集上的映射, 从而可以讨论映射的可微性. 特别地, 光滑的同胚映射也称为C^∞–**微分同胚**或简称为**微分同胚**.

定义 2.2 设 S 是一个拓扑曲面, 如果对任意点 P 的任意两个局部坐标 φ_1, φ_2, 映射 $\varphi_2 \circ \varphi_1^{-1}$ 是 $\mathbb{R}^2$ 中开集之间的微分同胚, 则称 S 为一个**光滑曲面**, 简称**曲面**.

我们常使用映射 φ 的像来表示曲面的局部坐标. 特别地, 当讨论曲面的局部性质时, 也经常使用 U 上的局部坐标 (x^1,x^2) 来表示曲面上 P 点的邻域. 为叙述简单, 当我们提到"设 $\{x^i\}_{i=1}^2$ 是曲面的局部坐标"时, 实际是在曲面某点 P 处邻域 U 上的一个局部坐标 $\{x^i\}_{i=1}^2$.

注 2.1 对比定义 1.7, 我们这里没有借助 $\mathbb{R}^3$ 来定义曲面的概念, 而是采用了一种内蕴的方式来定义曲面. 这实际上是把曲面定义为 2 维光滑流形, 而非 $\mathbb{R}^3$ 的 2 维光滑子流形. 更一般的微分流形理论及各种重要的例子, 请参见 3.1节相关内容.

2.2.1 切平面

设

$$\gamma(t)=(x^1(t),x^2(t)),\quad t\in(-\varepsilon,\varepsilon) \tag{2.1}$$

为曲面 S 上一条曲线, 我们称

$$\gamma'(0)=\left(\left.\frac{\mathrm{d}x^1}{\mathrm{d}t}\right|_{t=0},\left.\frac{\mathrm{d}x^2}{\mathrm{d}t}\right|_{t=0}\right). \tag{2.2}$$

为曲线 γ 在 $P=\gamma(0)$ 的切向量.

这里我们使用二元组同时表示曲面一点处的坐标与对应的切向量, 后文中请读者结合上下文予以区分.

与第一章定义 1.9 相同, 我们把曲面在 P 点的切平面定义为任意曲线在 P 点的切向量的集合

$$T_PS=\left\{\gamma'(0)\mid\gamma\subseteq S\text{是一条可微曲线且}\gamma(0)=P\right\}.$$

特别地, 坐标曲线

$$\gamma_1(x_1)=(x_1,0),\quad x_1\in(-\varepsilon_1,\varepsilon_1), \tag{2.3}$$

$$\gamma_2(x_2)=(0,x_2),\quad x_2\in(-\varepsilon_2,\varepsilon_2) \tag{2.4}$$

对应的切向量为

$$\gamma_1'(0)=(1,0),\quad \gamma_2'(0)=(0,1). \tag{2.5}$$

注意到

$$\frac{\partial}{\partial x^1}x^1=1,\quad \frac{\partial}{\partial x^1}x^2=0, \tag{2.6}$$

$$\frac{\partial}{\partial x^2}x^1 = 0, \quad \frac{\partial}{\partial x^2}x^2 = 1, \tag{2.7}$$

即

$$\frac{\partial}{\partial x^1}(x^1, x^2) = (1,0), \quad \frac{\partial}{\partial x^2}(x^1, x^2) = (0,1). \tag{2.8}$$

因此, 我们可以将偏导数算子 $\dfrac{\partial}{\partial x^1}, \dfrac{\partial}{\partial x^2}$ 与 P 点处的切向量 $(1,0)$ 及 $(0,1)$ 对应起来, 即定义

$$\left.\frac{\partial}{\partial x^i}\right|_P := \gamma_i'(0), \quad i = 1, 2. \tag{2.9}$$

并称之为**坐标切向量**.

注 2.2 沿用类似的记号, 当所考虑的曲面是 $\mathbb{R}^3$ 中的曲面并有局部坐标 (u,v) 时, $\left.\dfrac{\partial}{\partial u}\right|_P, \left.\dfrac{\partial}{\partial v}\right|_P$ 即为我们上一章定义的坐标切向量 $\boldsymbol{r}_u(0,0)$ 与 $\boldsymbol{r}_v(0,0)$.

与命题 1.2 相同, 我们可以证明: 切平面 T_PS 是一个二维向量空间, 并且

$$\left.\frac{\partial}{\partial x^1}\right|_P, \quad \left.\frac{\partial}{\partial x^2}\right|_P$$

是 T_PS 的一组基, 即

$$T_PS = \left\{ a^1 \left.\frac{\partial}{\partial x^1}\right|_P + a^2 \left.\frac{\partial}{\partial x^2}\right|_P \ \middle|\ a^1, a^2 \in \mathbb{R} \right\}.$$

给定 S 上的局部坐标 (x^1, x^2) , 我们定义 S 上的光滑向量场 X, 使得

$$X(P) = X^1(P) \left.\frac{\partial}{\partial x^1}\right|_P + X^2(P) \left.\frac{\partial}{\partial x^2}\right|_P, \tag{2.10}$$

其中

$$X^i(P) = X^i(x^1, x^2), \quad i = 1, 2$$

是 S 上的光滑函数. 我们使用 $C^\infty(TS)$ 表示曲面 S 上的所有光滑切向量场构成的集合.

我们使用

$$\frac{\partial}{\partial x^1}, \quad \frac{\partial}{\partial x^2}$$

表示对应的坐标切向量场, 并且简记为

$$\partial_{x^1}, \quad \partial_{x^2}$$

或者

$$\partial_1, \quad \partial_2.$$

为记号的简洁, 有时我们并不严格区分切向量场与一点处的切向量, 读者不难通过上下文来进行推断.

注意到曲面上的曲线不依赖于局部坐标的选取, 可以推知我们给出的切向量定义也不依赖于局部坐标系的选取.

设 $\{x^i\}_{i=1}^2$ 与 $\{y^\alpha\}_{\alpha=1}^2$ 是曲面上某点附近的两个局部坐标, 则任意切向量场 V 满足

$$V = X^i \frac{\partial}{\partial x^i} = Y^\alpha \frac{\partial}{\partial y^\alpha}, \tag{2.11}$$

其中 X^i 与 Y^α 表示对应坐标下的分量函数. 由求导的链式法则, 可以得到对应两组基向量场之间的转换公式

$$\frac{\partial}{\partial y^\alpha} = \frac{\partial x^i}{\partial y^\alpha} \frac{\partial}{\partial x^i} \tag{2.12}$$

以及坐标函数之间的转换公式

$$Y^\alpha = X^i \frac{\partial y^\alpha}{\partial x^i}. \tag{2.13}$$

这里 $\left(\dfrac{\partial y^\alpha}{\partial x^i}\right)$ 即为坐标转换的 Jacobi 矩阵.

注 2.3 几何对象不依赖于坐标的性质通常称为**"张量性质"**. 从上面的计算我们可以看出, 切向量场的张量性质等价于对应的基以及坐标分量在坐标变换时只相差 Jacobi 矩阵或 Jacobi 逆矩阵. 这事实上是线性代数中张量概念在几何上的表现. 有关张量的理论, 我们在这里就不详细展开了, 请读者参考 [10]. 我们会在后文看到更多的具有张量性质的几何对象, 如余切向量、曲率张量等.

对曲面上的光滑函数 f, 其方向导数可以直接推广欧氏空间中的概念. 我们定义 f 沿向量场 X 的方向导数为

$$X(f) := X^i \frac{\partial f}{\partial x^i}. \tag{2.14}$$

习题 2.1 证明: 设 X 与 Y 为光滑切向量场, f 为光滑函数, 则

$$X(Y(f)) - Y(X(f)) = (X^i(\partial_i Y^j) - Y^i(\partial_i X^j))\partial_j f. \tag{2.15}$$

即 X 与 Y 的李括号积

$$[X, Y] = XY - YX \tag{2.16}$$

仍然是一个光滑切向量场.

2.2.2 余切平面

利用线性代数理论, 切平面 T_PS 存在一个对偶空间, 我们将之称为**余切平面**, 记为 T_P^*S.

设 P 点附近的一个局部坐标为 (x^1, x^2), 切平面 T_PS 的坐标切向量

$$\left\{ \left.\frac{\partial}{\partial x^1}\right|_P, \quad \left.\frac{\partial}{\partial x^2}\right|_P \right\}$$

作为 T_PS 的基, 存在一组对偶基

$$\left\{ \left(\left.\frac{\partial}{\partial x^1}\right|_P \right)^*, \quad \left(\left.\frac{\partial}{\partial x^2}\right|_P \right)^* \right\}. \tag{2.17}$$

注意到

$$\frac{\partial x^i}{\partial x^j} = \delta^i_j,$$

习惯上我们一般记

$$\mathrm{d}x^i|_P = \left(\left.\frac{\partial}{\partial x^i}\right|_P \right)^* \tag{2.18}$$

为 $\left.\dfrac{\partial}{\partial x^i}\right|_P$ 的对偶基, 称为坐标余切向量. 从而

$$\mathrm{d}x^i|_P \left(\left.\frac{\partial}{\partial x^j}\right|_P \right) = \delta^i_j.$$

因此, P 点的余切平面可以表示为

$$T_P^*S = \left\{ a_1\,\mathrm{d}x^1\big|_P + a_2\,\mathrm{d}x^2\big|_P \quad \middle| \quad a_1, a_2 \in \mathbb{R} \right\}, \tag{2.19}$$

其中的元素称为**余切向量**.

设 f 为 P 点附近的光滑函数, f 在 P 点的全微分

$$\mathrm{d}f|_P = \frac{\partial f}{\partial x^i}(P)\,\mathrm{d}x^i\big|_P \in T_P^*S$$

为 $\mathrm{d}x^1\big|_P$ 与 $\mathrm{d}x^2\big|_P$ 的一个线性组合, 从而是一个余切向量. 利用一阶微分的形式不变性, 可以知道余切向量也不依赖于局部坐标的选取.

习题 2.2 证明: 若余切向量

$$v^* = v_i \mathrm{d}x^i \in T_P^*S$$

满足

$$\partial_j v_i = \partial_i v_j,$$

则存在 P 点附近的一个光滑函数 φ, 使得

$$\mathrm{d}\varphi = v^*.$$

与切向量场相似, 给定局部坐标 (x^1,x^2), 我们可以定义余切向量场 η, 使得

$$\eta(P)=\eta^1(P)\,\mathrm{d}x^1\big|_P+\eta^2(P)\,\mathrm{d}x^2\big|_P\,, \tag{2.20}$$

其中

$$\eta^i(P)=\eta^i(x^1,x^2),\quad i=1,2$$

是 S 上的光滑函数. 我们用记号 $C^\infty(T^*S)$ 表示曲面 S 上的所有光滑余切向量场的集合.

我们使用 $\mathrm{d}x^1$ 及 $\mathrm{d}x^2$ 表示对应的坐标余切向量场.

习题 2.3 1. 设 $\{x^i\}_{i=1}^2$ 与 $\{y^\alpha\}_{\alpha=1}^2$ 是曲面上一点附近的两个局部坐标, η 为一个余切向量场并且在两组坐标下表示为

$$\eta=X_i\mathrm{d}x^i=Y_\alpha\mathrm{d}y^\alpha.$$

证明:

$$\mathrm{d}y^\alpha=\frac{\partial y^\alpha}{\partial x^i}\mathrm{d}x^i, \tag{2.21}$$

以及

$$Y_\alpha=X_i\frac{\partial x^i}{\partial y^\alpha}. \tag{2.22}$$

2. 对比余切向量的基与坐标的转换公式与切向量相应转换公式的异同.

2.2.3 Riemann 度量

为了定义曲面的距离结构, 我们需要计算曲面上曲线的长度. 为此, 我们需要确定曲面在一点处切向量的长度, 即给出切平面的距离结构. 由于我们并不假定曲面落在某个空间中, 因此不能像欧氏空间一样, 借用 $\mathbb{R}^3$ 的内积来确定曲面切空间的内积结构. 为解决这一问题, 我们可以首先把切平面的内积结构通过定义的方式, 预先指定下来.

我们在曲面上任意点 P 的切平面上给定一个对称正定二次型

$$g_P:T_PS\times T_PS\to\mathbb{R}, \tag{2.23}$$

$$(X,Y)\mapsto g_P(X,Y), \tag{2.24}$$

即 g_P 满足:

(1) 双线性:

$$g_P(aX+bY,Z)=ag_P(X,Z)+bg_P(Y,Z),\quad \forall a,b\in\mathbb{R};$$

(2) 对称性:

$$g_P(X,Y)=g_P(Y,X);$$

(3) 正定性:

$$g_P(X,X)\geqslant 0,$$

等号成立当且仅当 $X=0$.

由此我们定义 P 点处切向量的长度

$$||X||_g=\sqrt{g_P(X,X)} \tag{2.25}$$

以及两个切向量的夹角

$$\theta_{X,Y}=\arccos\left(\frac{g_P(X,Y)}{||X||_g||Y||_g}\right). \tag{2.26}$$

给定局部坐标 (x^1,x^2), 记

$$g_P(\partial_i,\partial_j)=g_{ij}(P). \tag{2.27}$$

于是对切向量

$$X=X^i\partial_i,\quad Y=Y^j\partial_j,$$

我们得到

$$g_P(X,Y)=X^iY^jg_P(\partial_i,\partial_j)=g_{ij}(P)\ X^iY^j. \tag{2.28}$$

注意到

$$\mathrm{d}x^i\big|_P\left(\left.\frac{\partial}{\partial x^j}\right|_P\right)=\delta^i_j, \tag{2.29}$$

因此, 所给定的正定二次型可以表示为二次微分式

$$g_P=g_{ij}(P)\,\mathrm{d}x^i\big|_P\,\mathrm{d}x^j\big|_P\,. \tag{2.30}$$

利用逐点定义的对称正定二次型 g_P 可以给出曲面上的一个场,

$$g(P)=g_{ij}(P)\,\mathrm{d}x^i\big|_P\,\mathrm{d}x^j\big|_P\,, \tag{2.31}$$

我们将其记为

$$g=g_{ij}\mathrm{d}x^i\mathrm{d}x^j, \tag{2.32}$$

并称之为曲面的 **Riemann 度量**, 简称为**度量**. 同时, 沿用欧氏空间的类似记号, 称

$$\langle X,Y\rangle_g:=g(X,Y) \tag{2.33}$$

为切向量场 X 与 Y 的内积.

注 2.4 为方便起见, 在上下文清楚的情况下, 对诸如 (u,v) 等形式的局部坐标, 我们也以 $\mathrm{d}u^2$ 代替 $\mathrm{d}u\mathrm{d}u$, $\mathrm{d}v^2$ 代替 $\mathrm{d}v\mathrm{d}v$. 从而将对应的 Riemann 度量记为

$$g = g_{uu}\mathrm{d}u^2 + 2g_{uv}\mathrm{d}u\mathrm{d}v + g_{vv}\mathrm{d}v^2. \tag{2.34}$$

习题 2.4 证明: 恒等式

$$g(X,Y) = \frac{1}{2}\left(||X+Y||_g^2 - ||X||_g^2 - ||Y||_g^2\right) \tag{2.35}$$

成立.

由于切向量不依赖于局部坐标, 我们自然也期望其长度不依赖局部坐标的选取, 从而度量也不依赖于坐标的选取.

设 $\{y^\alpha\}_{\alpha=1}^2$ 为曲面的另一个局部坐标, 且度量满足

$$g = g_{ij}\mathrm{d}x^i\mathrm{d}x^j = g_{\alpha\beta}\mathrm{d}y^\alpha\mathrm{d}y^\beta. \tag{2.36}$$

利用余切向量基的变换关系

$$\mathrm{d}x^i = \frac{\partial x^i}{\partial y^\alpha}\mathrm{d}y^\alpha, \tag{2.37}$$

可以得到度量的变换关系

$$g_{\alpha\beta} = g_{ij}\frac{\partial x^i}{\partial y^\alpha}\frac{\partial x^j}{\partial y^\beta}. \tag{2.38}$$

因此, 只要度量系数在坐标变换时满足 (2.38) 式, 度量就是坐标变换下的几何不变量, 进而可以保证切向量的长度以及夹角不依赖于坐标的选取.

利用 Riemann 度量, 我们可以给出曲面上光滑函数梯度的概念. 设 f 为 P 点附近的光滑函数, 利用线性性质, 对 P 点处的切向量

$$V = a^i\frac{\partial}{\partial x^i}$$

有

$$\mathrm{d}f(V) = a^i\mathrm{d}f\left(\frac{\partial}{\partial x^i}\right) = a^i\left(\frac{\partial f}{\partial x^j}(P)\right)\left(\mathrm{d}x^j\left(\frac{\partial}{\partial x^i}\right)\right) = a^i\frac{\partial f}{\partial x^i}(P).$$

对任意 $f \in C^\infty(S)$, 由于 $\mathrm{d}f$ 是 T_PS 上的线性函数, 利用 Riesz (里斯) 表示定理可知, 存在一个光滑向量场, 记为 ∇f, 使得

$$\mathrm{d}f(V) = \langle\nabla f, V\rangle_g, \tag{2.39}$$

对任意光滑向量场 V 成立. 我们称之为函数 f 的**梯度**.

习题 2.5 设度量在坐标 (x^1,x^2) 下的系数为 g_{ij}. 证明: 对曲面上的光滑函数 f, 其梯度场可以表示为

$$\nabla f = g^{ij}\frac{\partial f}{\partial x^j}\partial_i, \tag{2.40}$$

其中 (g^{ij}) 为度量矩阵 (g_{ij}) 的逆矩阵.

例 2.1 (1) 设 S 为 $\mathbb{R}^3$ 中的一张曲面, 则 $\mathbb{R}^3$ 的内积限制在 S 上给出的曲面的第一基本形式, 即为 S 上的一个 Riemann 度量.

(2) 设

$$T^2 = \mathbb{S}^1 \times \mathbb{S}^1 = \{(\theta,\varphi)|\theta \in [0,2\pi), \varphi \in [0,2\pi)\}$$

是一个拓扑环面, 则

$$g = \mathrm{d}\theta^2 + \mathrm{d}\varphi^2 \tag{2.41}$$

为 T^2 上一个 Riemann 度量. 注意, 此时 T^2 不能嵌入 $\mathbb{R}^3$ 中.

(3) 设

$$D^2 := \{(x,y)|x^2+y^2<1\}, \tag{2.42}$$

则

$$g = \frac{4}{(1-x^2-y^2)^2}\left(\mathrm{d}x^2+\mathrm{d}y^2\right) \tag{2.43}$$

为 D^2 上的一个 Riemann 度量, 称为**双曲度量**. (D^2,g) 称为 **Poincaré(庞加莱) 圆盘**, 是 2 维双曲空间的一个重要模型.

习题 2.6 计算 $\mathbb{R}^3$ 中 xz 平面上的圆周 $(x-2)^2+z^2=1$ 绕 z 轴旋转所得环面的第一基本形式, 并与例 2.1中 T^2 的度量比较二者的差异.

2.3 Levi-Civita 联络与协变导数

在多元微积分中, 我们有方向导数的概念:

$$\frac{\partial f}{\partial V} = V^i\frac{\partial f}{\partial x^i} = \langle \nabla f, V\rangle.$$

其中 f 是平面上的一个光滑函数, V 是平面上一个光滑向量场. 对向量值函数

$$F = (f_1, f_2),$$

我们也可以定义 F 的方向导数

$$\frac{\partial F}{\partial V}=\left(\frac{\partial f_1}{\partial V},\frac{\partial f_2}{\partial V}\right). \tag{2.44}$$

然而这一概念无法直接推广到曲面上, 原因是曲面上缺乏一个平直的坐标系. 因此我们需要一个不依赖于坐标系的方向导数概念.

2.3.1 协变导数与协变微分

对曲面上的光滑函数 f, 我们前面定义了其方向导数的概念:

$$X(f)=\left(X^i\frac{\partial}{\partial x^i}\right)(f)=X^i\frac{\partial f}{\partial x^i}. \tag{2.45}$$

其中 X 是曲面上的一个光滑切向量场. 利用 (2.39) 式定义的函数梯度的概念,

$$X(f)=\langle\nabla f,X\rangle_g.$$

我们也记

$$\nabla_X f=X(f).$$

习题 2.7 证明上述概念不依赖于局部坐标的选择, 并且满足下列性质:

(1) $\nabla_{aX+bY}f=a\nabla_X f+b\nabla_Y f,\forall a,b\in C^\infty(S)$;

(2) $\nabla_X(f_1+f_2)=\nabla_X f_1+\nabla_X f_2$;

(3) $\nabla_X(f_1f_2)=f_1\nabla_X f_2+f_2\nabla_X f_1$.

下面我们考虑向量场的方向导数.

设 $\{x^i\}_{i=1}^2$ 与 $\{y^\alpha\}_{\alpha=1}^2$ 是 P 点附近的两个局部坐标系, X,Y 是两个光滑向量场. 如果我们模仿 (2.44) 式, 考虑向量场 Y 关于向量场 X 的坐标方向导数, 则

$$X^\alpha\frac{\partial Y^\beta}{\partial y^\alpha}\frac{\partial}{\partial y^\beta}-X^i\frac{\partial Y^j}{\partial x^i}\frac{\partial}{\partial x^j}=X^iY^k\frac{\partial^2 y^\beta}{\partial x^i\partial x^k}\frac{\partial x^j}{\partial y^\beta}\frac{\partial}{\partial x^j}. \tag{2.46}$$

等式右边通常不等于零, 这说明欧氏空间的定义不能直接推广到曲面上, 因为这种定义方式通常跟坐标的选取有关.

习题 2.8 证明 (2.46) 式.

为解决这一问题, 我们只需要将坐标切向量的求导也考虑进来就可以了. 为此, 我们定义一个向量场之间的映射

$$\nabla: C^\infty(TS)\times C^\infty(TS)\to C^\infty(TS),$$

$$(X,Y)\mapsto\nabla_X Y,$$

要求它满足下列性质:

(1) 关于第一个变量线性:

$$\nabla_{fX_1+hX_2}Y = f\nabla_{X_1}Y + h\nabla_{X_2}Y, \quad \forall f,h\in C^\infty(S); \tag{2.47}$$

(2) 关于第二个变量线性:

$$\nabla_X(aY_1+bY_2) = a\nabla_X Y_1 + b\nabla_X Y_2, \quad \forall a,b\in\mathbb{R}; \tag{2.48}$$

(3) Leibniz 法则:

$$\nabla_X(fY) = (X(f))Y + f\nabla_X Y, \quad \forall f\in C^\infty(S). \tag{2.49}$$

映射 ∇ 称为曲面切平面上的一个**联络**. 我们将在本节的最后解释这个称呼的由来.

给定曲面的局部坐标 (x^1,x^2), 设

$$\nabla_{\partial_i}\partial_j = \Gamma_{ij}^k\partial_k, \tag{2.50}$$

其中函数 Γ_{ij}^k 称为曲面度量 g 的 **Christoffel 符号** . 利用这一记号以及定义中的性质, 我们有

$$\begin{aligned}\nabla_X Y =& X^i\nabla_{\partial_i}(Y^j\partial_j)\\ =& X^i\left[(\partial_i Y^j)\partial_j + Y^j\nabla_{\partial_i}\partial_j\right]\\ =& X^i\left[(\partial_i Y^j)\partial_j + Y^j\Gamma_{ij}^k\partial_k\right]\\ =& X^i\left(\partial_i Y^k + \Gamma_{ij}^k Y^j\right)\partial_k\end{aligned}$$

对任意切向量场成立.

习题 2.9 思考这里定义的曲面度量的 Christoffel 符号与上一章定义的 Christoffel 符号的区别与联系.

定义 2.3 我们称

$$\nabla_X Y = X^i\left(\partial_i Y^k + \Gamma_{ij}^k Y^j\right)\partial_k \tag{2.51}$$

为向量场 Y 关于向量场 X 的**协变导数**.

上面的定义目前只是一个形式上的定义, 联络映射 ∇ 是否存在, 我们暂时还不得而知. 事实上, 只要确定出其中的 Christoffel 符号, 同时也就得到了联络的存在性. 为此, 我们通过附加下面的两个要求, 使得联络与 Riemann 度量及挠率张量建立联系:

(1) ∇ 与度量 g 相容:

$$X\langle Y,Z\rangle_g = \langle\nabla_X Y, Z\rangle_g + \langle Y,\nabla_X Z\rangle_g;$$

(2) ∇ 是无挠的:

$$T(X,Y) := \nabla_X Y - \nabla_Y X - [X,Y] = 0,$$

其中张量 T 称为挠率张量.

容易证明, 通过这一方式建立的联络存在唯一:

定理 2.1　给定曲面上的 Riemann 度量 g, 则存在唯一的与 g 相容的无挠联络 ∇. 特别地, 对应的 Christoffel 符号可以表示为

$$\Gamma_{ij}^{k}=\frac{1}{2}g^{kl}\left(\partial_i g_{jl}+\partial_j g_{il}-\partial_l g_{ij}\right). \tag{2.52}$$

证明　我们只需证明与度量相容和无挠两个条件可以唯一地确定度量的 Christoffel 符号.

由无挠条件可知

$$\nabla_{\partial_i}\partial_j-\nabla_{\partial_j}\partial_i-[\partial_i,\partial_j]=0,$$

即

$$\Gamma_{ij}^{k}=\Gamma_{ji}^{k}.$$

从而 Γ_{ij}^{k} 关于两个下指标对称.

由度量相容条件,

$$\partial_k\langle\partial_i,\partial_j\rangle_g=\langle\nabla_{\partial_k}\partial_i,\partial_j\rangle_g+\langle\partial_i,\nabla_{\partial_k}\partial_j\rangle_g,$$

即

$$\partial_k g_{ij}=\Gamma_{ki}^{l}g_{jl}+\Gamma_{kj}^{l}g_{il}.$$

轮换指标 i,j,k, 得到

$$\partial_i g_{jk}=\Gamma_{ij}^{l}g_{kl}+\Gamma_{ik}^{l}g_{jl}$$

及

$$\partial_j g_{ki}=\Gamma_{jk}^{l}g_{il}+\Gamma_{ji}^{l}g_{kl}.$$

利用 Γ_{ij}^{k} 关于两个下指标的对称性,

$$\begin{aligned}&\frac{1}{2}\left(\partial_i g_{jk}+\partial_j g_{ki}-\partial_k g_{ij}\right)\\=&\frac{1}{2}\left(\Gamma_{jk}^{l}g_{il}+\Gamma_{ji}^{l}g_{kl}+\Gamma_{ij}^{l}g_{kl}+\Gamma_{ik}^{l}g_{jl}-\Gamma_{ki}^{l}g_{jl}-\Gamma_{kj}^{l}g_{il}\right)\\=&\Gamma_{ij}^{l}g_{kl}.\end{aligned}$$

两边同时乘 g^{kp},

$$\frac{1}{2}g^{kp}\left(\partial_i g_{jk}+\partial_j g_{ki}-\partial_k g_{ij}\right)=\Gamma_{ij}^{l}g_{kl}g^{kp}=\Gamma_{ij}^{l}\delta_l^p=\Gamma_{ij}^{p}.$$

或者,

$$\Gamma_{ij}^{k} = \frac{1}{2} g^{kl} \left(\partial_i g_{jl} + \partial_j g_{il} - \partial_l g_{ij} \right).$$

这样我们就证明了联络的存在唯一性. □

注 2.5 事实上, 上述证明中 Christoffel 符号的计算是等式 (1.18) 在内蕴几何中的推广.

定义 2.4 我们称曲面上唯一的保持度量的无挠联络 ∇ 为曲面的 **Levi-Civita (列维–奇维塔) 联络**.

我们在后文中提到的联络均指曲面的 Levi-Civita 联络.

习题 2.10 设 $\{x^i\}_{i=1}^2$ 与 $\{y^\alpha\}_{\alpha=1}^2$ 是两个局部坐标, 证明: 两个坐标之下的 Christoffel 符号满足变换关系

$$\Gamma_{\alpha\beta}^{\gamma} \frac{\partial x^k}{\partial y^\gamma} = \Gamma_{ij}^{k} \frac{\partial x^i}{\partial y^\alpha} \frac{\partial x^j}{\partial y^\beta} + \frac{\partial^2 x^k}{\partial y^\alpha \partial y^\beta}. \tag{2.53}$$

利用这一变换关系我们可以证明协变导数的几何不变性:

命题 2.1 对任意切向量场 X, Y, 其协变导数 $\nabla_X Y$ 不依赖于局部坐标的选取.

证明 设 $\{x^i\}_{i=1}^2$ 与 $\{y^\alpha\}_{\alpha=1}^2$ 是曲面上的两个局部坐标, 切向量场 X 与 Y 在两个局部坐标下分别表示为

$$X = X^i \partial_i = X^\alpha \partial_\alpha, \qquad Y = Y^j \partial_j = Y^\beta \partial_\beta.$$

利用 Jacobi 矩阵, 我们有变换关系

$$\begin{aligned} X^\alpha &= X^i \frac{\partial y^\alpha}{\partial x^i}, \qquad & \partial_\alpha &= \frac{\partial x^i}{\partial y^\alpha} \partial_i, \\ Y^\beta &= Y^j \frac{\partial y^\beta}{\partial x^j}, \qquad & \partial_\beta &= \frac{\partial x^j}{\partial y^\beta} \partial_j. \end{aligned}$$

在坐标 $\{y^\alpha\}_{\alpha=1}^2$ 下, 依定义我们有

$$\nabla_X Y = X^\alpha \left(\partial_\alpha Y^\gamma + \Gamma_{\alpha\beta}^{\gamma} Y^\beta \right) \partial_\gamma.$$

利用习题 2.10以及前面的转换关系, 我们得到

$$\begin{aligned} \nabla_X Y =& X^\alpha \left(\partial_\alpha Y^\gamma + \Gamma_{\alpha\beta}^{\gamma} Y^\beta \right) \partial_\gamma \\ =& X^i \frac{\partial y^\alpha}{\partial x^i} \left(\frac{\partial x^j}{\partial y^\alpha} \partial_j \left(Y^l \frac{\partial y^\gamma}{\partial x^l} \right) + \Gamma_{\alpha\beta}^{\gamma} \left(Y^j \frac{\partial y^\beta}{\partial x^j} \right) \right) \frac{\partial x^k}{\partial y^\gamma} \partial_k \\ =& X^i \left(\delta_i^j \frac{\partial x^k}{\partial y^\gamma} \partial_j \left(Y^l \frac{\partial y^\gamma}{\partial x^l} \right) + \frac{\partial y^\alpha}{\partial x^i} \left(\Gamma_{\alpha\beta}^{\gamma} \frac{\partial x^k}{\partial y^\gamma} \right) \frac{\partial y^\beta}{\partial x^j} Y^j \right) \partial_k \end{aligned}$$

$$\begin{aligned}
&=X^i\left(\frac{\partial x^k}{\partial y^\gamma}\partial_i\left(Y^l\frac{\partial y^\gamma}{\partial x^l}\right)+\frac{\partial y^\alpha}{\partial x^i}\left(\Gamma^k_{pq}\frac{\partial x^p}{\partial y^\alpha}\frac{\partial x^q}{\partial y^\beta}+\frac{\partial^2 x^k}{\partial y^\alpha\partial y^\beta}\right)\frac{\partial y^\beta}{\partial x^j}Y^j\right)\partial_k\\
&=X^i\left(\delta^k_l\partial_i Y^l+Y^l\frac{\partial x^k}{\partial y^\gamma}\frac{\partial^2 y^\gamma}{\partial x^i\partial x^l}+\left(\Gamma^k_{pq}\delta^p_i\delta^q_j+\frac{\partial y^\alpha}{\partial x^i}\frac{\partial^2 x^k}{\partial y^\alpha\partial y^\beta}\frac{\partial y^\beta}{\partial x^j}\right)Y^j\right)\partial_k\\
&=X^i\left(\partial_i Y^k+\Gamma^k_{ij}Y^j+\left(\frac{\partial x^k}{\partial y^\alpha}\frac{\partial^2 y^\alpha}{\partial x^i\partial x^j}+\frac{\partial y^\alpha}{\partial x^i}\frac{\partial^2 x^k}{\partial y^\alpha\partial y^\beta}\frac{\partial y^\beta}{\partial x^j}\right)Y^j\right)\partial_k.
\end{aligned}$$

由求导的链式法则,

$$0=\partial_j(\delta^k_i)=\frac{\partial}{\partial x^j}\left(\frac{\partial x^k}{\partial y^\alpha}\frac{\partial y^\alpha}{\partial x^i}\right)=\frac{\partial^2 x^k}{\partial y^\alpha\partial y^\beta}\frac{\partial y^\beta}{\partial x^j}\frac{\partial y^\alpha}{\partial x^i}+\frac{\partial x^k}{\partial y^\alpha}\frac{\partial^2 y^\alpha}{\partial x^i\partial x^j}.$$

因此,

$$\nabla_X Y=X^\alpha\left(\partial_\alpha Y^\gamma+\Gamma^\gamma_{\alpha\beta}Y^\beta\right)\partial_\gamma=X^i\left(\partial_i Y^k+\Gamma^k_{ij}Y^j\right)\partial_k,$$

即协变导数与局部坐标的选取无关. □

注意到联络作用在两个切向量场 X 与 Y 上得到一个新的切向量场 $\nabla_X Y$. 如果我们考虑 ∇ 仅作用在后一个变量上, 则 ∇Y 表示一个作用在光滑切向量场上取值为光滑向量场的映射. 特别地, 在固定的一点 P 处, 由联络的性质

$$\nabla_{aX_1+bX_2}Y=a\nabla_{X_1}Y+b\nabla_{X_2}Y$$

可知, 映射 ∇Y 是 T_PS 到自己的一个线性映射, 因此对应一个余切向量.

定义 2.5 映射

$$\nabla: C^\infty(TS)\to C^\infty(TS)\times C^\infty(T^*S), \tag{2.54}$$

$$Y\mapsto \nabla Y \tag{2.55}$$

*称为切向量场 Y 的***协变微分**. *特别地, 在局部坐标 (x^1,x^2) 之下,*

$$\nabla Y=\left(\partial_i Y^k+\Gamma^k_{ij}Y^j\right)\partial_k\otimes \mathrm{d}x^i. \tag{2.56}$$

定义中记号 $\partial_k\otimes \mathrm{d}x^i$ 表示切向量场 ∂_k 与余切向量场 $\mathrm{d}x^i$ 的张量积, 读者可以简单地把它当成一个向量空间的基来理解, 详细理论请参阅 [10].

2.3.2 平行移动

在欧氏空间中有所谓“自由向量”的概念: 我们可以在空间中任意平移一个向量. 严格地说, 在平面上平移一个向量, 本质上是把平面上 P 点处的切向量 v_P 映射为 Q 点的一个切向量 v_Q, 只是恰好 P,Q 两点的切平面有一个标准同构, 从而可以看成“$v_P=v_Q$”. 事实上, 二者并不相等, 因为它们分属于不同的切平面. 我们将这一直观推广到一般曲面上, 这对于理解“联络”的概念是十分关键的.

定义 2.6 设 $\gamma(t), t \in [0,\ell]$ 是曲面上的一条正则曲线. 如果 $V(t)$ 满足

$$\nabla_{\gamma'(t)} V(t) = 0, \quad t \in [0,\ell], \tag{2.57}$$

则称 $V(t)$ 是沿曲线 $\gamma(t)$ 的一个**平行向量场**.

依协变导数的定义, 在选定局部坐标后, $V(t)$ 是沿曲线 $\gamma(t)$ 的平行向量场, 当且仅当 $V(t)$ 的坐标分量满足常微分方程组

$$\frac{\mathrm{d}(V(t))^k}{\mathrm{d}t} + \Gamma_{ij}^k (\gamma'(t))^i (V(t))^j = 0. \tag{2.58}$$

特别地, 当 S 为平面时, $V(t)$ 沿曲线 $\gamma(t)$ 平行意味着

$$\frac{\mathrm{d}}{\mathrm{d}t} V^k(t) = 0,$$

即 $V(t)$ 是一族常向量.

利用常微分方程组解的存在唯一性定理, 给定 $\gamma(0)$ 处的一个非零切向量 $V_0 \in T_{\gamma(0)}S$, 存在常数 $\varepsilon > 0$ 及沿 $\gamma(t)$ 唯一的一个平行向量场 $V(t), t \in [0,\varepsilon)$, 满足 $V(0) = V_0$.

定义 2.7 给定正则曲线 $\gamma(t), t \in [0,\ell]$ 以及 $v_0 \in T_{\gamma(0)}S$, 如果存在唯一沿 $\gamma(t)$ 的平行向量场 $v(t)$ 使得 $v(0) = v_0$, 则称 $v(t)$ 为向量 v_0 沿曲线 $\gamma(t)$ 的**平行移动**, 简称平移.

与欧氏空间相同, 曲面上的向量平移会保持切向量的长度, 以及两个切向量的夹角. 这事实上是平移保持切向量内积的直接推论:

定理 2.2 设 $v(t)$ 与 $w(t)$ 分别是向量 $v_0, w_0 \in T_{\gamma(0)}S$ 沿曲线 $\gamma(t)$ 的平移, 则

$$\langle v(t), w(t) \rangle_g = \langle v_0, w_0 \rangle_g \tag{2.59}$$

对任意 $t \in [0,\ell]$ 成立.

证明 由

$$\frac{\mathrm{d}}{\mathrm{d}t} \langle v(t), w(t) \rangle_g = \langle \nabla_{\gamma'(t)} v(t), w(t) \rangle_g + \langle v(t), \nabla_{\gamma'(t)} w(t) \rangle_g = 0,$$

可知 $\langle v(t), w(t) \rangle_g$ 是常数. □

由此可见, 平行移动给出了曲面上两点 P 与 Q 的切平面之间的一个线性同构:

$$\sigma_{P,Q} : T_P S \to T_Q S. \tag{2.60}$$

即我们通过切向量的平移将这两个切平面联系了起来. 由此可见, 曲面的联络实际上确定了曲面上切平面之间的联系. 这也是“联络”这个名字的由来.

注 2.6 曲面上的平移事实上跟所选取的曲线 γ 有关, 同一向量在不同曲线上的平移结果可能不同.

习题 2.11 给出球面上沿不同曲线平移而结果不同的例子.

2.3.3 $\mathbb{R}^3$ 中曲面的协变导数

如果曲面落在欧氏空间 $\mathbb{R}^3$ 中, 其度量 g 由 $\mathbb{R}^3$ 的内积限制在曲面上得到. 直观上来看, 曲面上切向量场的协变导数可以由其在 $\mathbb{R}^3$ 中的方向导数来确定.

设 X,Y 是 $\mathbb{R}^3$ 中曲面上的两个切向量场. 如果将 X,Y 看成 $\mathbb{R}^3$ 中的向量场, 并且按坐标分量求 Y 关于 X 的方向导数, 一般来说, 所得到的向量场不一定是曲面上的切向量场. 然而, 如果将所得结果投影到曲面的切平面上, 则可以得到曲面的一个切向量场.

事实上, 我们有如下分解定理:

定理 2.3 *设 S 为 $\mathbb{R}^3$ 中的一个曲面, g 为 S 上的诱导度量, ∇ 为度量 g 确定的 Levi-Civita 联络, 则有分解*

$$\overline{\nabla}_X Y = \nabla_X Y + A(X,Y) \tag{2.61}$$

对曲面上的任意光滑切向量场 X,Y 成立. 其中, $\overline{\nabla}_X Y$ 是向量场 X,Y 在 $\mathbb{R}^3$ 中的坐标方向导数, A 是曲面 S 的第二基本形式.

这一定理是对曲面外蕴与内蕴几何的相关理论一个很好的综合, 我们将证明留给读者.

习题 2.12 证明定理 2.3.

2.4 测地线

在平面上, 连接两点之间的最短曲线是直线段. 对 $\mathbb{R}^3$ 中的一张曲面, 如果我们使用一条直线段连接曲面上的两点, 一般而言, 这条直线段并不会完全落在曲面上. 例如, 球面就是一个典型的例子. 然而, 在引入度量之后, 在曲面上可以定义一个距离结构, 即定义曲面上两点之间的距离为连接两点的最短曲线的长度. 在这个意义下, 这条最短曲线就扮演着曲面上“直线”的角色, 我们称之为“测地线”. 下面我们就来详细研究测地线的概念及其几何性质, 可以看到这些性质就是平面中直线的几何性质的推广.

2.4.1 测地线的概念

考虑平面上的直线 ℓ, 其切向量 v_ℓ 沿直线 ℓ 是一个常向量:

$$\nabla_{v_\ell} v_\ell = 0.$$

我们将这一观察推广到一般曲面上:

定义 2.8 设 $\gamma(s)$ 是曲面上的一条弧长参数曲线. 若 γ 的切向量沿自身平行, 即

$$\nabla_{\gamma'(s)}\gamma'(s) = 0,$$

则称 $\gamma(s)$ 是曲面上的一条**测地线**.

等价地, $\gamma(s)$ 是一条测地线, 当且仅当 $\gamma(s)$ 满足**测地线方程**

$$\frac{\mathrm{d}^2\gamma^k(s)}{\mathrm{d}s^2} + \Gamma_{ij}^k(\gamma(s))\frac{\mathrm{d}\gamma^i(s)}{\mathrm{d}s}\frac{\mathrm{d}\gamma^j(s)}{\mathrm{d}s} = 0, \quad k = 1, 2. \tag{2.62}$$

利用常微分方程组解的存在唯一性定理, 给定曲面上的一点 P 及该点的一个切向量 v_P, 存在测地线 $\gamma(s)$, $s \in (-\varepsilon, \varepsilon)$ 满足初值条件:

$$\gamma(0) = P, \quad \gamma'(0) = v_P.$$

习题 2.13 写出测地线存在唯一性的完整证明 (注意: 测地线方程是二阶非线性方程组).

例 2.2 平面 $\mathbb{R}^2$ 的标准度量

$$g = \mathrm{d}x^2 + \mathrm{d}y^2$$

对应的 Christoffel 符号为

$$\Gamma_{ij}^k = 0,$$

从而测地线方程约化为

$$\gamma''(s) = 0.$$

因此,

$$\gamma(s) = sv + w, \quad s \in \mathbb{R}.$$

其中 $v, w \in \mathbb{R}^2$ 为常向量, 即 $\gamma(s)$ 是平面上的一条直线.

2.4.2 测地曲率

对任意曲线 γ, 向量 $\nabla_{\gamma'}\gamma'$ 一般不等于零. 参照测地线的定义, $\nabla_{\gamma'}\gamma'$ 可以理解为曲线 γ 偏离测地线的程度.

定义 2.9 设 $\gamma(s) = (u(s), v(s))$ 为一条弧长参数曲线, 称

$$\boldsymbol{\kappa}_g(\gamma) = \nabla_{\gamma'(s)}\gamma'(s)$$

为曲线 $\gamma(s)$ 的**测地曲率向量**. 取 n_γ 为曲线 γ 的法向量, 即 n_γ 为沿 γ 的向量场使得

$$n_\gamma \perp \gamma'$$

且 $\{\gamma', n_\gamma\}$ 的定向与 $\{\partial_u, \partial_v\}$ 的定向一致. 我们定义 γ 的**测地曲率**为

$$\kappa_g(\gamma) = \langle \boldsymbol{\kappa}_g(\gamma), n_\gamma \rangle_g.$$

显然, 曲线 γ 是测地线当且仅当其测地曲率为零.

利用测地线方程 (2.62), 我们立即得到测地曲率向量在局部坐标之下的表达式

$$\boldsymbol{\kappa}_g(\gamma) = \left((\gamma''(s))^k + \Gamma_{ij}^k(\gamma(s))(\gamma'(s))^i(\gamma'(s))^j\right)\partial_k. \tag{2.63}$$

例 2.3 设平面 $\mathbb{R}^2$ 的标准度量

$$g = \mathrm{d}x^2 + \mathrm{d}y^2,$$

$\gamma(s)$ 是弧长参数曲线, 则 n_γ 为曲线 γ 在平面中的法向量. 从而 $\gamma(s)$ 的测地曲率

$$(\kappa_g(\gamma))(s) = \langle \gamma''(s), n_\gamma(s) \rangle_g,$$

即 $\gamma(s)$ 作为平面曲线的曲率. 因此, 测地曲率是平面曲线曲率在曲面上的推广.

习题 2.14 计算单位球面 $\mathbb{S}^2$ 中半径为 $r \in (0,1]$ 的圆周的测地曲率.

为了方便地计算曲线的测地曲率, 我们给出如下的 Liouville (刘维尔) 公式:

定理 2.4 (Liouville 公式) 设 (u,v) 为曲面的正交局部坐标, 对应的度量为

$$g = E\mathrm{d}u^2 + G\mathrm{d}v^2,$$

令 $\gamma(s)$ 为一条弧长参数曲线, θ 为 $\gamma(s)$ 与 u 线的夹角, 则 $\gamma(s)$ 的测地曲率为

$$\kappa_g(\gamma) = \frac{\mathrm{d}\theta}{\mathrm{d}s} - \frac{(\ln E)_v}{2\sqrt{G}}\cos\theta + \frac{(\ln G)_u}{2\sqrt{E}}\sin\theta. \tag{2.64}$$

证明 由于 $\gamma(s)$ 是弧长参数曲线, 其切向量为单位向量, 特别地可以表示为

$$\gamma' = \frac{\cos\theta}{\sqrt{E}}\partial_u + \frac{\sin\theta}{\sqrt{G}}\partial_v.$$

于是, γ 的法向量为

$$n_\gamma = -\frac{\sin\theta}{\sqrt{E}}\partial_u + \frac{\cos\theta}{\sqrt{G}}\partial_v.$$

进一步计算得到

$$\begin{aligned}
\gamma'' &= \left(\frac{\mathrm{d}}{\mathrm{d}s}\cos\theta\right)\frac{\partial_u}{\sqrt{E}} + \cos\theta\,\nabla_{\gamma'}\left(\frac{\partial_u}{\sqrt{E}}\right) + \left(\frac{\mathrm{d}}{\mathrm{d}s}\sin\theta\right)\frac{\partial_v}{\sqrt{G}} + \sin\theta\,\nabla_{\gamma'}\left(\frac{\partial_v}{\sqrt{G}}\right)\\
&= \left(-\frac{\sin\theta}{\sqrt{E}}\frac{\mathrm{d}\theta}{\mathrm{d}s} + \cos\theta\,\gamma'\left(\frac{1}{\sqrt{E}}\right)\right)\partial_u + \left(\frac{\cos\theta}{\sqrt{G}}\frac{\mathrm{d}\theta}{\mathrm{d}s} + \sin\theta\,\gamma'\left(\frac{1}{\sqrt{G}}\right)\right)\partial_v +\\
&\quad \frac{\cos\theta}{\sqrt{E}}\nabla_{\gamma'}\partial_u + \frac{\sin\theta}{\sqrt{G}}\nabla_{\gamma'}\partial_v.
\end{aligned}$$

将上面两式代入测地曲率的表达式得到

$$\kappa_g(\gamma) = \frac{\mathrm{d}\theta}{\mathrm{d}s} + \frac{1}{\sqrt{EG}} \langle \nabla_{\gamma'}\partial_u, \partial_v\rangle_g.$$

由于

$$\begin{aligned}\langle \nabla_{\gamma'}\partial_u, \partial_v\rangle_g &= \left\langle \frac{\cos\theta}{\sqrt{E}}\nabla_{\partial_u}\partial_u + \frac{\sin\theta}{\sqrt{G}}\nabla_{\partial_v}\partial_u, \partial_v \right\rangle_g \\ &= \frac{G}{\sqrt{E}}\cos\theta\, \Gamma^v_{uu} + \sqrt{G}\sin\theta\, \Gamma^v_{vu},\end{aligned}$$

而

$$\begin{aligned}\Gamma^v_{uu} &= \frac{1}{2} g^{vv}\left(2\partial_u g_{uv} - \partial_v g_{uu}\right) = -\frac{1}{2}\frac{E_v}{G}, \\ \Gamma^v_{vu} &= \frac{1}{2} g^{vv}\left(\partial_v g_{uv} + \partial_u g_{vv} - \partial_v g_{vu}\right) = \frac{1}{2}\frac{G_u}{G},\end{aligned}$$

于是, 曲线 γ 的测地曲率为

$$\kappa_g(\gamma) = \frac{\mathrm{d}\theta}{\mathrm{d}s} - \frac{(\ln E)_v}{2\sqrt{G}}\cos\theta + \frac{(\ln G)_u}{2\sqrt{E}}\sin\theta.$$ □

例 2.4 对单位球面 $\mathbb{S}^2$ 的标准度量

$$g = \mathrm{d}\varphi^2 + \sin^2\varphi \mathrm{d}\theta^2,$$

赤道

$$\gamma_e(\theta) := \left\{ \left(\frac{\pi}{2}, \theta\right) \;\middle|\; \theta \in [0, 2\pi) \right\}$$

与 φ 线的夹角始终保持 $\frac{\pi}{2}$. 根据 Liouville 公式, γ_e 的测地曲率为

$$\kappa_g(\gamma_e) = \frac{1}{2}(\ln\sin^2\varphi)_\varphi \Big|_{\varphi=\frac{\pi}{2}} = \cot\frac{\pi}{2} = 0.$$

因此, 赤道是球面的一条测地线.

在上一章中, 我们在介绍 $\mathbb{R}^3$ 中曲面上的曲线时, 定义了所谓“法曲率”的概念. 它是指, 作为空间曲线, 曲率在曲面法向上的投影, 表示由曲面的弯曲而引起的曲线弯曲情况. 一个有趣的问题是, 空间曲线曲率在曲面的切平面上的投影, 具有什么样的几何意义呢? 对比法曲率, 我们可以猜测, 这一分量表征了曲线自身内在的、与曲面无关的弯曲性质.

直接计算可得,

$$\begin{aligned}\boldsymbol{\kappa}_g(\gamma) &= \langle \nabla_{\gamma'}\gamma', n_\gamma\rangle_g\, n_\gamma \\ &= \langle \gamma'', n_\gamma\rangle\, n_\gamma\end{aligned}$$

$$
\begin{aligned}
&=\gamma'' - \langle \gamma'', N(P) \rangle N(P) \\
&=\gamma'' - \kappa_n(\gamma) N(P).
\end{aligned}
$$

其中, $\langle\cdot,\cdot\rangle$ 表示 $\mathbb{R}^3$ 中的内积, 而 $N(P)$ 与 $\kappa_n(\gamma)$ 分别为曲面的法向量与曲线 γ 在 P 的法曲率. 因此, 曲线 γ 作为空间曲线的曲率向量可以分解为沿曲面切方向的测地曲率向量与沿曲面法方向的法曲率部分:

$$
\gamma''(s) = \boldsymbol{\kappa}_g(\gamma) + \kappa_n(\gamma) N(P). \tag{2.65}
$$

特别地, 曲线曲率 κ 与测地曲率 κ_g 及法曲率 κ_n 三者之间满足

$$
\kappa^2 = \kappa_n^2 + \kappa_g^2. \tag{2.66}
$$

这为我们提供了计算上的便利.

习题 2.15　利用上面的关系, 再次计算 $\mathbb{S}^2$ 中半径为 $r \in (0,1]$ 的圆周的测地曲率.

最后我们利用变分计算来证明:

定理 2.5　设 P 和 Q 为曲面上的两点, $\gamma(s)$, $s \in [0,\ell]$ 为曲面上连接 P, Q 的一条最短弧长参数光滑曲线, 则曲线 $\gamma(s)$ 为一条测地线.

证明　对曲线 γ 上的任意紧支光滑函数 $f(s) \in C_0^\infty([0,\ell])$, 定义曲线 $\gamma(s)$ 的法向变分族 $\{\gamma_t(s)\}_{t\in(-\varepsilon,\varepsilon)}$, 满足

- $\gamma_0(s) = \gamma(s), \forall s \in [0,\ell]$;
- $\gamma_t(0) = P, \gamma_t(\ell) = Q, \forall t \in (-\varepsilon, \varepsilon)$;
- $\left.\dfrac{\mathrm{d}}{\mathrm{d}t}\right|_{t=0} \gamma_t(s) = f(s) n_\gamma, \forall s \in [0,\ell]$.

定义曲线弧长泛函

$$
\mathcal{L}(t) = \int_{\gamma_t} \mathrm{d}s = \int_0^\ell ||\gamma_t'(s)||_g \mathrm{d}s.
$$

由于 s 是 γ 的弧长参数, 则 $\gamma'(s)$ 是单位向量, 从而

$$
\begin{aligned}
\left.\frac{\mathrm{d}}{\mathrm{d}t}\right|_{t=0} \mathcal{L}(t) =& \frac{1}{2}\int_0^\ell \left.\frac{\mathrm{d}}{\mathrm{d}t}\right|_{t=0} ||\gamma_t'(s)||_g^2 \mathrm{d}s \\
&= \int_0^\ell \left.\left\langle \frac{\mathrm{d}}{\mathrm{d}t}\gamma_t'(s), \gamma_0'(s) \right\rangle_g\right|_{t=0} \mathrm{d}s = \int_0^\ell \left.\left\langle \frac{\mathrm{d}}{\mathrm{d}s}\frac{\mathrm{d}}{\mathrm{d}t}\gamma_t(s), \gamma'(s) \right\rangle_g\right|_{t=0} \mathrm{d}s.
\end{aligned}
$$

利用分部积分公式,

$$
\begin{aligned}
\left.\frac{\mathrm{d}}{\mathrm{d}t}\right|_{t=0} \mathcal{L}(t) &= -\int_0^\ell \left.\left\langle \frac{\mathrm{d}}{\mathrm{d}t}\gamma_t(s), \gamma''(s) \right\rangle_g\right|_{t=0} \mathrm{d}s \\
&= -\int_0^\ell \langle f n_\gamma, \gamma''(s) \rangle_g \ \mathrm{d}s
\end{aligned}
$$

$$= -\int_0^\ell f\kappa_g(\gamma)\,\mathrm{d}s.$$

由于 γ 是连接 P, Q 两点的最短曲线, 因此 $t=0$ 是函数 $\mathcal{L}$ 的一个极小值, 从而

$$\left.\frac{\mathrm{d}}{\mathrm{d}t}\right|_{t=0}\mathcal{L}(t) = -\int_0^\ell f\kappa_g(\gamma)\mathrm{d}s = 0$$

对任意紧支光滑函数 $f \in C_0^\infty([0,\ell])$ 成立. 因此, 曲线 γ 的测地曲率满足

$$\kappa_g(\gamma) = 0,$$

即 γ 是一条测地线. □

上述结果的逆定理一般是不成立的. 例如, 我们前面证明了球面的赤道是一条测地线. 考虑赤道上两个非对径点, 则连接这两点的优弧与劣弧同为测地线, 然而优弧却不是连接两点的最短曲线. 这反映出在大范围的情况下, 测地线的不唯一性. 然而, 在局部情形下, 测地线确实具有最短性. 在下一节我们引入指数映射的概念之后, 就可以说明这一结果.

2.4.3 指数映射

考虑平面上的单位圆周

$$C : (\cos\theta, \sin\theta), \quad \theta \in \mathbb{R}.$$

令

$$\ell := \{(1, y) \mid y \in \mathbb{R}\}$$

为圆周 C 在 $P_0(1,0)$ 点的切线. 我们可以构造一个从切线 ℓ 到圆周 C 的映射 (图 2.2):

$$\varphi(1,\theta) = (\cos\theta, \sin\theta), \quad \theta \in \mathbb{R}.$$

注意到当 $\theta \in [0, 2\pi)$ 时, 角度 θ 等于圆周 C 上对应的弧长. 因此, 我们可以看到映射 φ 给出了从切线 ℓ 到圆周 C 的一个局部等距.

利用复坐标及 Euler 公式, 我们可以将 φ 表示为

$$\varphi(1,\theta) = \mathrm{e}^{\mathrm{i}\theta}.$$

因此, 我们也将映射 φ 称为“指数映射”, 记为

$$\exp_{P_0}(\theta) = \mathrm{e}^{\mathrm{i}\theta}, \tag{2.67}$$

表示将切线 ℓ 上距离 $P_0(1,0)$ 为 θ 的点映到圆周 C 上辐角为 θ 的点.

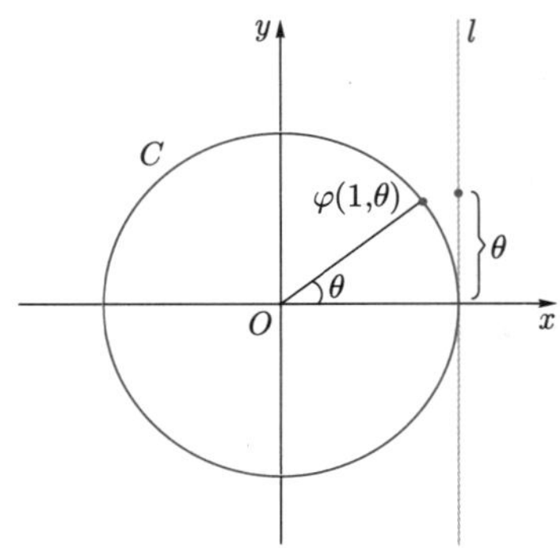

图 2.2　圆周指数映射

我们把这一想法推广到曲面上. 设 P 是曲面 S 上的一点, v_P 是 P 点的一个单位切向量. 由测地线的存在唯一性定理可知, 存在唯一一条测地线 $\gamma_{P,v_P}(s)$ 使得

$$\gamma_{P,v_P}(0)=P,\quad \gamma'_{P,v_P}(0)=v_P,$$

其中 $s\in(-\varepsilon_{v_P},\varepsilon_{v_P})$ 为测地线的弧长参数.

由于切平面中所有单位向量构成的集合

$$C_P=\{v_P\in T_PS\quad|\quad ||v_P||=1\}\tag{2.68}$$

是紧集, 因此可以选取不依赖于单位切向量的常数 $\varepsilon_P>0$, 使得 $s\in(-\varepsilon_P,\varepsilon_P)$ 时相应的测地线存在唯一.

定义 2.10　映射

$$\exp_P: T_PS\to S,\tag{2.69}$$

$$v\mapsto\gamma_{P,\frac{v}{||v||}}(||v||)\tag{2.70}$$

称为 P 点的**指数映射** (图 2.3).

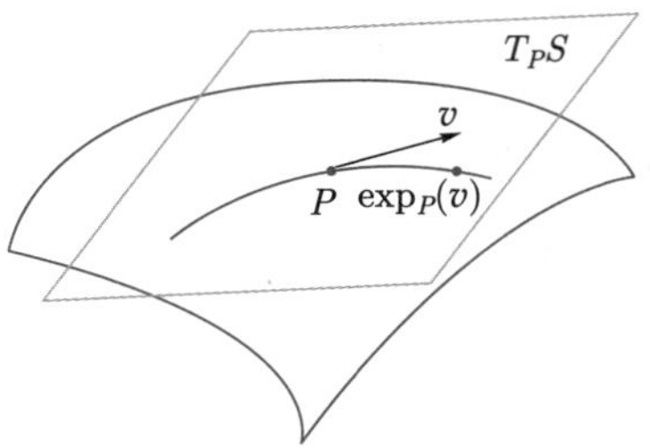

图 2.3　曲面指数映射

特别地, 利用定理 2.5 可知, 指数映射局部上是一个双射.

习题 2.16 证明: 指数映射 $\exp_P$ 是一个局部微分同胚.

利用这一结果, 我们可以证明

定理 2.6 对曲面上任意一点 P, 都存在一个邻域 U, 使得连接 P, Q 两点并完全落在 U 中的测地线是连接 P, Q 两点的最短曲线.

这一定理的直观性很强, 我们将证明留作练习.

习题 2.17 证明定理 2.6.

2.4.4 法坐标与测地极坐标

利用指数映射, 我们可以将切平面 T_PS 上原点附近的坐标搬到曲面上 P 点的邻域 U 上, 作为 U 的局部坐标.

平面常用的坐标有直角坐标与极坐标两种, 利用指数映射, 将这两种坐标搬到曲面上, 得到的局部坐标称为"法坐标"与"测地极坐标".

法坐标

设 $\{e_1, e_2\}$ 为切平面 T_PS 的一个单位正交标架, 对切向量

$$v = x^1e_1 + x^2e_2, \quad ||v||_g < \varepsilon_P,$$

定义映射

$$(x^1, x^2) \to \exp_P(v),$$

利用习题 2.16, (x^1, x^2) 可以作为 P 点附近的局部坐标, 称为以 P 为原点的**法坐标**.

习题 2.18 证明: (x^1, x^2) 是 P 点附近的正则坐标.

法坐标系可以理解为 P 点处无穷小意义下的平面直角坐标系. 因此, 法坐标系也具有平面直角坐标系的一些重要特征:

引理 2.7 设曲面在 P 点处的法坐标系为 (x^1, x^2), 则 Christoffel 符号满足

$$\Gamma_{ij}^k(P) = 0. \tag{2.71}$$

证明 考虑 P 点切平面中过原点的直线 ℓ:

$$\begin{cases} x^1(s) = s\cos\theta_0, \\ x^2(s) = s\sin\theta_0, \end{cases}$$

其中 $\theta_0 \in [0, 2\pi)$ 为一个固定的角度, 则 ℓ 在指数映射下的像为曲面的测地线 γ. 从而满足测地线方程

$$\frac{\mathrm{d}^2x^k}{\mathrm{d}s^2} + \Gamma_{ij}^k\frac{\mathrm{d}x^i}{\mathrm{d}s}\frac{\mathrm{d}x^j}{\mathrm{d}s} = 0, \quad k = 1, 2.$$

于是得到

$$\Gamma_{ij}^{k}\frac{\mathrm{d}x^i}{\mathrm{d}s}\frac{\mathrm{d}x^j}{\mathrm{d}s}=0$$

沿测地线 γ 成立. 特别对 $s=0$, 我们有

$$\Gamma_{ij}^{k}(P)\left.\frac{\mathrm{d}x^i}{\mathrm{d}s}\right|_P\left.\frac{\mathrm{d}x^j}{\mathrm{d}s}\right|_P=0.$$

而

$$\left.\frac{\mathrm{d}x^1}{\mathrm{d}s}\right|_P=\cos\theta_0,\quad \left.\frac{\mathrm{d}x^2}{\mathrm{d}s}\right|_P=\sin\theta_0.$$

再由 θ_0 的任意性可得,

$$\Gamma_{ij}^{k}(P)=0.$$

□

命题 2.2 设曲面在 P 点的法坐标系下对应度量为

$$g=g_{ij}\mathrm{d}x^i\mathrm{d}x^j,$$

则

$$g_{ij}(P)=\delta_{ij},\quad \partial_k g_{ij}(P)=0. \tag{2.72}$$

注意: 命题中的结论只在点 P 处成立.

习题 2.19 证明命题 2.2.

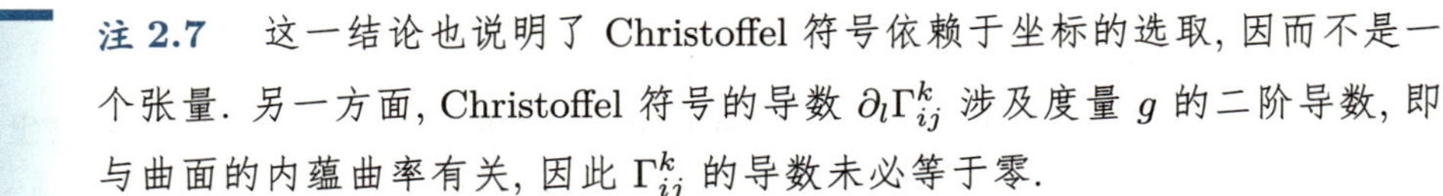

注 2.7 这一结论也说明了 Christoffel 符号依赖于坐标的选取, 因而不是一个张量. 另一方面, Christoffel 符号的导数 $\partial_l\Gamma_{ij}^{k}$ 涉及度量 g 的二阶导数, 即与曲面的内蕴曲率有关, 因此 Γ_{ij}^{k} 的导数未必等于零.

测地极坐标

将切平面 T_PS 上的直角坐标转换成极坐标,

$$\begin{cases} x^1=\rho\cos\theta, \\ x^2=\rho\sin\theta, \end{cases}$$

对切向量

$$v=\rho\cos\theta\ e_1+\rho\sin\theta\ e_2,\quad ||v||_g<\varepsilon_P,$$

定义映射

$$(\rho,\theta)\to\exp_P(v),\quad \rho<\varepsilon_P,\quad \theta\in[0,2\pi).$$

我们称 (ρ,θ) 为以 P 为原点的**测地极坐标**.

命题 2.3 设曲面在 P 点处的测地极坐标系为 (ρ,θ), 对应度量为

$$g = \mathrm{d}\rho^2 + G(\rho,\theta)\mathrm{d}\theta^2,$$

则

$$\lim_{\rho\to 0}\sqrt{G} = 0, \qquad \lim_{\rho\to 0}(\sqrt{G})_\rho = 1. \tag{2.73}$$

习题 2.20 利用命题 2.2 证明命题 2.3.

2.5 曲面内蕴曲率

利用 Gauss 绝妙定理, 我们知道曲面的 Gauss 曲率是内蕴曲率, 仅依赖于曲面的第一基本形式. 然而此前的证明事实上同时用到了第一与第二基本形式, 并不是一个纯粹的内蕴证明. 我们自然要问, 是否存在一个完全的内蕴证明? 回忆 Gauss 曲率的定义, 其中原本就同时涉及第一与第二基本形式. 因此在内蕴的意义下, “Gauss 绝妙定理” 实际上演变为 Gauss 曲率的内蕴定义.

2.5.1 曲率张量

我们思考这样一个问题: 给定曲面的一个局部坐标, 是否可以通过变换坐标将度量在每点同时对角化? 具体而言, 设 $\{x^i\}_{i=1}^2$ 是曲面上的一个局部坐标, g_{ij} 是该坐标下的度量系数, 则是否存在局部坐标 $\{y^\alpha\}_{\alpha=1}^2$ 使得

$$g_{ij}\mathrm{d}x^i\mathrm{d}x^j = \delta_{\alpha\beta}\mathrm{d}y^\alpha\mathrm{d}y^\beta \tag{2.74}$$

成立?

上式等价于

$$g_{ij} = \delta_{\alpha\beta}\frac{\partial y^\alpha}{\partial x^i}\frac{\partial y^\beta}{\partial x^j}, \tag{2.75}$$

或

$$\begin{cases} g_{11} = \left(\dfrac{\partial y^1}{\partial x^1}\right)^2 + \left(\dfrac{\partial y^2}{\partial x^1}\right)^2, \\ g_{12} = g_{21} = \dfrac{\partial y^1}{\partial x^1}\dfrac{\partial y^1}{\partial x^2} + \dfrac{\partial y^2}{\partial x^1}\dfrac{\partial y^2}{\partial x^2}, \\ g_{22} = \left(\dfrac{\partial y^1}{\partial x^2}\right)^2 + \left(\dfrac{\partial y^2}{\partial x^2}\right)^2. \end{cases} \tag{2.76}$$

现在我们的问题转化为一阶偏微分方程组 (2.75) 是否可解的问题.

一般而言, 作为非线性方程组, (2.75) 未必可解. 解的存在性需要一些条件, 称为方程组的**可积性条件**. 我们下面探索方程组 (2.75) 的可积性条件.

命题 2.4 方程组 (2.75) 的可积性条件为

$$\partial_i\Gamma_{jk}^l-\partial_j\Gamma_{ik}^l+\Gamma_{jk}^p\Gamma_{ip}^l-\Gamma_{ik}^p\Gamma_{jp}^l=0. \tag{2.77}$$

证明 我们的基本思想是通过多次求导, 使得方程组化为线性方程组, 再利用 Frobenius (弗罗贝尼乌斯) 定理 (定理 3.3) 证明 (2.77) 式即为方程 (2.75) 的可积性条件.

对方程组 (2.75) 求偏导可得

$$\partial_k g_{ij}=\delta_{\alpha\beta}\partial_k\partial_i y^\alpha\partial_j y^\beta+\delta_{\alpha\beta}\partial_i y^\alpha\partial_k\partial_j y^\beta.$$

由此得到

$$\frac{1}{2}\left(\partial_k g_{ij}+\partial_j g_{ki}-\partial_i g_{jk}\right)=\delta_{\alpha\beta}\partial_j\partial_k y^\alpha\partial_i y^\beta.$$

注意到,

$$g^{qi}=\delta^{\gamma\eta}\frac{\partial x^q}{\partial y^\gamma}\frac{\partial x^i}{\partial y^\eta}.$$

我们得到

$$\Gamma_{jk}^q=\frac{1}{2}g^{qi}\left(\partial_k g_{ij}+\partial_j g_{ki}-\partial_i g_{jk}\right)=\frac{\partial x^q}{\partial y^\alpha}\partial_j\partial_k y^\alpha,$$

即二阶线性方程组

$$\partial_j\partial_k y^\alpha=\Gamma_{jk}^q\partial_q y^\alpha. \tag{2.78}$$

对方程组 (2.78) 继续求导, 得到

$$\begin{aligned}\partial_i\partial_j\partial_k y^\alpha=&\partial_i\Gamma_{jk}^q\partial_q y^\alpha+\Gamma_{jk}^q\partial_i\partial_q y^\alpha\\ =&\left(\partial_i\Gamma_{jk}^q+\Gamma_{jk}^p\Gamma_{ip}^q\right)\partial_q y^\alpha.\end{aligned}$$

由坐标偏导数的可交换性

$$\partial_i\partial_j\partial_k y^\alpha=\partial_j\partial_i\partial_k y^\alpha,$$

可得

$$\left(\partial_i\Gamma_{jk}^q-\partial_j\Gamma_{ik}^q+\Gamma_{jk}^p\Gamma_{ip}^q-\Gamma_{ik}^p\Gamma_{jp}^q\right)\partial_q y^\alpha=0.$$

两端同时乘 $\dfrac{\partial x^l}{\partial y^\alpha}$, 则

$$\partial_i\Gamma_{jk}^l-\partial_j\Gamma_{ik}^l+\Gamma_{jk}^p\Gamma_{ip}^l-\Gamma_{ik}^p\Gamma_{jp}^l=0.$$

这样我们就证明了 (2.77) 式的必要性, 再由 Frobenius 定理知, 这一条件也是充分的. □

由此我们发现, 一般而言, 通过坐标变换将度量 g 变成平坦度量存在“障碍”, 并不是总能实现. 只有当可积性条件 (2.77) 成立时, 才可以通过解偏微分方程组 (2.75) 的方式找到合适的坐标变换来实现这一目的. 因此,

$$\partial_i\Gamma^l_{jk}-\partial_j\Gamma^l_{ik}+\Gamma^p_{jk}\Gamma^l_{ip}-\Gamma^p_{ik}\Gamma^l_{jp}$$

偏离零的程度, 也可以用来刻画曲面偏离平面的程度, 或曲面的内蕴弯曲.

为方便起见, 我们记

$$R^l_{ijk}:=\partial_i\Gamma^l_{jk}-\partial_j\Gamma^l_{ik}+\Gamma^p_{jk}\Gamma^l_{ip}-\Gamma^p_{ik}\Gamma^l_{jp}. \tag{2.79}$$

回忆上一章引入的记号 R_{ijkl}, 我们有

$$R_{ijkl}=g_{kq}R^q_{ijl}. \tag{2.80}$$

习题 2.21 设 $\{x^i\}_{i=1}^2$ 与 $\{y^\alpha\}_{\alpha=1}^2$ 是两个局部坐标, 证明:

$$R^\delta_{\alpha\beta\gamma}=R^l_{ijk}\frac{\partial x^i}{\partial y^\alpha}\frac{\partial x^j}{\partial y^\beta}\frac{\partial x^k}{\partial y^\gamma}\frac{\partial y^\delta}{\partial x^l} \tag{2.81}$$

以及

$$R_{\alpha\beta\gamma\delta}=R_{ijkl}\frac{\partial x^i}{\partial y^\alpha}\frac{\partial x^j}{\partial y^\beta}\frac{\partial x^k}{\partial y^\gamma}\frac{\partial x^l}{\partial y^\delta}. \tag{2.82}$$

这一结果说明, R^l_{ijk} 以及 R_{ijkl} 具有张量性质, 从而我们可以定义:

定义 2.11 张量

$$R^l_{ijk}\mathrm{d}x^i\otimes\mathrm{d}x^j\otimes\mathrm{d}x^k\otimes\partial_l \tag{2.83}$$

与

$$R_{ijkl}\mathrm{d}x^i\otimes\mathrm{d}x^j\otimes\mathrm{d}x^k\otimes\mathrm{d}x^l \tag{2.84}$$

分别称为度量 g 的 $(3,1)$ 型与 $(4,0)$ 型 **Riemann 曲率张量**, 简称为**曲率张量**.

曲率张量刻画了曲面偏离平面的弯曲程度, 是曲面内蕴弯曲的精确刻画.

与 1.6.2 子节的讨论相同, 我们容易知道 R_{ijkl} 中唯一非零的独立分量为 R_{1212}.

习题 2.22 利用 (2.80) 式证明第一 Bianchi (比安基) 恒等式:

$$R_{ijkl}+R_{iklj}+R_{iljk}=0. \tag{2.85}$$

2.5.2 Gauss 曲率的内蕴定义

考虑 $\mathbb{R}^3$ 中的曲面, 其第一基本形式即为对应的 Riemann 度量. 固定曲面上一点 P, 为方便起见, 不妨取以 P 为原点的法坐标 $\{x^i\}_{i=1}^2$. 从而,

$$g_{ij}(P)=\delta_{ij}.$$

特别地,

$$\det g|_P = 1.$$

利用 Gauss 方程 (1.21),

$$R_{ijkl} = A_{ik}A_{jl} - A_{il}A_{jk}. \tag{2.86}$$

从而在 P 点,

$$R_{1212} = A_{11}A_{22} - A_{12}A_{21} = \det A.$$

因此, 曲面在 P 点的 Gauss 曲率

$$K(P) = \left.\frac{\det A}{\det g}\right|_P = R_{1212}(P). \tag{2.87}$$

习题 2.23 证明: 在一般局部坐标下, Gauss 曲率

$$K = \frac{1}{2}g^{ik}g^{jl}R_{ijkl}.$$

在拓扑曲面上, 由于缺乏第二基本形式, 我们无法通过上一章的方式来定义 Gauss 曲率. 然而, 借助曲率张量, 我们可以给出 Gauss 曲率的内蕴定义:

定义 2.12 *设 $\{x^i\}_{i=1}^2$ 为曲面上的一个局部坐标, g_{ij} 为对应的度量系数, R_{ijkl} 为曲率张量系数, 我们定义曲面的 Gauss 曲率为*

$$K = \frac{1}{2}g^{ik}g^{jl}R_{ijkl}. \tag{2.88}$$

2.5.3 曲率张量与协变导数

最后我们讨论曲率张量与协变导数的关系.

命题 2.5 (Ricci (里奇) 恒等式)

$$\nabla_{\partial_i}\nabla_{\partial_j}\partial_k - \nabla_{\partial_j}\nabla_{\partial_i}\partial_k = R^l_{ijk}\partial_l. \tag{2.89}$$

证明 直接计算可得

$$\begin{aligned}\nabla_{\partial_i}\nabla_{\partial_j}\partial_k &= \nabla_{\partial_i}\left(\Gamma^l_{jk}\partial_l\right) = \partial_i\Gamma^l_{jk}\partial_l + \Gamma^l_{jk}\nabla_{\partial_i}\partial_l \\ &= \left(\partial_i\Gamma^l_{jk} + \Gamma^p_{jk}\Gamma^l_{ip}\right)\partial_l,\end{aligned}$$

从而

$$\nabla_{\partial_i}\nabla_{\partial_j}\partial_k - \nabla_{\partial_j}\nabla_{\partial_i}\partial_k = \left(\partial_i\Gamma^l_{jk} + \Gamma^p_{jk}\Gamma^l_{ip} - \partial_j\Gamma^l_{ik} - \Gamma^p_{ik}\Gamma^l_{jp}\right)\partial_l = R^l_{ijk}\partial_l. \qquad \square$$

习题 2.24 利用 Ricci 恒等式证明: 等式

$$\langle \nabla_X \nabla_Y Z - \nabla_Y \nabla_X Z - \nabla_{[X,Y]} Z, W \rangle_g = R_{ijkl} X^i Y^j Z^k W^l \tag{2.90}$$

对曲面上任意向量场 X, Y, Z, W 都成立.

等价地, 我们也可以通过协变导数的交换关系来确定 Riemann 曲率张量.

例 2.5 设平面的标准度量为

$$g = \mathrm{d}x^2 + \mathrm{d}y^2,$$

则对应的 Christoffel 符号为

$$\Gamma_{ij}^k = 0,$$

从而曲率张量系数

$$R_{ijkl} = 0.$$

特别地, 平面的 Gauss 曲率为

$$K = R_{1212} = 0.$$

例 2.6 对 2 维单位球面 $\mathbb{S}^2$, 其上标准度量为

$$g_{\mathbb{S}^2} = \mathrm{d}\varphi^2 + \sin^2 \varphi \mathrm{d}\theta^2.$$

则

$$g_{\varphi\varphi} = 1, \quad g_{\theta\theta} = \sin^2 \varphi,$$

于是

$$g^{\varphi\varphi} = 1, \quad g^{\theta\theta} = \sin^{-2} \varphi.$$

对应的 Christoffel 符号为

$$\Gamma_{\varphi\varphi}^{\varphi} = \Gamma_{\varphi\varphi}^{\theta} = \Gamma_{\varphi\theta}^{\varphi} = \Gamma_{\theta\theta}^{\theta} = 0, \quad \Gamma_{\theta\theta}^{\varphi} = -\sin\varphi\cos\varphi, \quad \Gamma_{\theta\varphi}^{\theta} = \cot\varphi,$$

从而曲率张量系数

$$R_{\varphi\theta\varphi\theta} = g_{\varphi\varphi}\left(\partial_\varphi \Gamma_{\theta\theta}^{\varphi} - \partial_\theta \Gamma_{\varphi\theta}^{\varphi} + \Gamma_{\theta\theta}^{\varphi}\Gamma_{\varphi\varphi}^{\varphi} + \Gamma_{\theta\theta}^{\theta}\Gamma_{\varphi\theta}^{\varphi} - \Gamma_{\varphi\theta}^{\varphi}\Gamma_{\theta\varphi}^{\varphi} - \Gamma_{\varphi\theta}^{\theta}\Gamma_{\theta\theta}^{\varphi}\right) = \sin^2 \varphi.$$

因此, 单位球面的 Gauss 曲率为

$$K = \frac{1}{2}\left(g^{\varphi\varphi} g^{\theta\theta} R_{\varphi\theta\varphi\theta} + g^{\theta\theta} g^{\varphi\varphi} R_{\theta\varphi\theta\varphi}\right) = 1,$$

与我们通过上一章的定义计算出的结果一致.

习题 2.25 利用上述方法计算度量

$$g = \mathrm{d}r^2 + \sinh^2 r \mathrm{d}\theta$$

的 Gauss 曲率, 其中 $\sinh r := \dfrac{\mathrm{e}^r - \mathrm{e}^{-r}}{2}$ 为双曲正弦函数.

2.6 活动标架与结构方程

在微分几何的研究中, 通常有两种观点: 一种是从一点处的局部坐标出发, 在此基础上构建相应的几何理论; 另一种则是每点处建立一个标架, 通过标架的运动来研究几何理论. 例如, 在曲线理论中, 我们可以通过对弧长参数求导定义曲线曲率, 也可以通过 Frenet 标架的运动方程来得到曲率, 这两种方式是等价的. 我们在前几节中主要使用局部坐标的方法研究曲面的几何. 在这一节中, 我们将介绍活动标架与外微分法. 我们可以看到, 这一套代数化的方法在具体问题的计算中是非常高效的.

2.6.1 曲面上的微分形式

利用线性代数中外代数的构造理论, 我们可以建立曲面上的微分形式理论. 这是我们研究曲面几何与拓扑的重要工具.

我们定义曲面 S 上余切空间 T_P^*S 基的**外乘积**

$$\mathrm{d}x^i \wedge \mathrm{d}x^j, \quad i,j=1,2,$$

使之满足反交换律

$$\mathrm{d}x^i \wedge \mathrm{d}x^j = -\mathrm{d}x^j \wedge \mathrm{d}x^i.$$

由此立即得到

$$\mathrm{d}x^1 \wedge \mathrm{d}x^1 = \mathrm{d}x^2 \wedge \mathrm{d}x^2 = 0, \quad \mathrm{d}x^1 \wedge \mathrm{d}x^2 = -\mathrm{d}x^2 \wedge \mathrm{d}x^1. \tag{2.91}$$

将这一运算线性延拓到整个 T_P^*S 上, 得到

$$\begin{aligned}&\left(a_1\mathrm{d}x^1 + a_2\mathrm{d}x^2\right) \wedge \left(b_1\mathrm{d}x^1 + b_2\mathrm{d}x^2\right)\\ =&a_1b_1\mathrm{d}x^1 \wedge \mathrm{d}x^1 + a_1b_2\mathrm{d}x^1 \wedge \mathrm{d}x^2 + a_2b_1\mathrm{d}x^2 \wedge \mathrm{d}x^1 + a_2b_2\mathrm{d}x^2 \wedge \mathrm{d}x^2\\ =&(a_1b_2 - a_2b_1)\mathrm{d}x^1 \wedge \mathrm{d}x^2,\end{aligned}$$

其中 $a_1, a_2, b_1, b_2 \in \mathbb{R}$.

记

$$\Lambda^2(S) = \{h\ \mathrm{d}x^1 \wedge \mathrm{d}x^2 : h \in C^\infty(S)\},$$

称为曲面 S 上的 **2–次微分形式空间**, 简称 2–形式空间. 为方便起见, 我们记

$$\Lambda^1(S) = \{f_1\ \mathrm{d}x^1 + f_2\ \mathrm{d}x^2 | f_1, f_2 \in C^\infty(S)\},$$

称为 S 上的 **1–形式空间**,

$$\Lambda^0(S) = C^\infty(S),$$

称为 S 上的 **0–形式空间**.

由全微分公式

$$\mathrm{d}f = \frac{\partial f}{\partial x^1}\mathrm{d}x^1 + \frac{\partial f}{\partial x^2}\mathrm{d}x^2,$$

可以发现

$$\mathrm{d} : \Lambda^0(S) \to \Lambda^1(S)$$

是一个线性映射. 是否可以将这一映射拓展至更高次的微分形式?

沿用同一记号, 定义

$$\begin{aligned}\mathrm{d} : \Lambda^1(S) \to &\Lambda^2(S),\\ f_1\mathrm{d}x^1 + f_2\mathrm{d}x^2 \mapsto &\mathrm{d}f_1 \wedge \mathrm{d}x^1 + \mathrm{d}f_2 \wedge \mathrm{d}x^2.\end{aligned}$$

即

$$\begin{aligned}\mathrm{d}(f_1\mathrm{d}x^1 + f_2\mathrm{d}x^2) =&\frac{\partial f_1}{\partial x^2}\mathrm{d}x^2 \wedge \mathrm{d}x^1 + \frac{\partial f_2}{\partial x^1}\mathrm{d}x^1 \wedge \mathrm{d}x^2\\ =&\left(\frac{\partial f_2}{\partial x^1} - \frac{\partial f_1}{\partial x^2}\right)\mathrm{d}x^1 \wedge \mathrm{d}x^2.\end{aligned}$$

类似地, 可以定义

$$\mathrm{d}(h\mathrm{d}x^1 \wedge \mathrm{d}x^2) = \mathrm{d}h \wedge \mathrm{d}x^1 \wedge \mathrm{d}x^2. \tag{2.92}$$

而由

$$\mathrm{d}h = \frac{\partial h}{\partial x^1}\mathrm{d}x^1 + \frac{\partial h}{\partial x^2}\mathrm{d}x^2,$$

可得

$$\mathrm{d}(h\mathrm{d}x^1 \wedge \mathrm{d}x^2) = 0.$$

因此, 外微分算子 d 在 $\Lambda^2(S)$ 上是一个零映射.

习题 2.26 证明:

$$\mathrm{d}^2 = 0$$

在 $\Lambda^k(S)$ 上成立, $k = 0, 1, 2$.

利用微分形式, 我们可以定义曲线及曲面上的积分:

- 对曲线 $\Gamma \subseteq S$, $\eta = f_1 \mathrm{d}x^1 + f_2 \mathrm{d}x^2 \in \Lambda^1(S)$:

$$\int_\Gamma \eta = \int_\Gamma f_1 \mathrm{d}x^1 + f_2 \mathrm{d}x^2;$$

- 对区域 $U \subseteq S$, $\omega = h \mathrm{d}x^1 \wedge \mathrm{d}x^2 \in \Lambda^2(S)$:

$$\int_U \omega = \int_U h\ \mathrm{d}x^1 \wedge \mathrm{d}x^2.$$

即微积分理论中的第二型曲线与曲面积分.

作为联系微分与积分的桥梁, 微积分基本定理在微积分理论中具有非常重要的意义. 在一元微积分中, 它表现为 Newton-Leibniz(牛顿–莱布尼茨) 公式; 而在多元情形, 则表现为 Green(格林) 公式、Gauss 公式以及 Stokes(斯托克斯) 公式. 如何以一种更加统一的方式来看待这些结果? 这就是所谓的更一般的 Stokes 公式:

定理 2.8 (Stokes 公式) 设 $\Omega \subseteq S$ 是曲面上的一个区域, $\omega \in \Lambda^k(S)$, $k = 0, 1, 2$, 则

$$\int_\Omega \mathrm{d}\omega = \int_{\partial\Omega} \omega, \tag{2.93}$$

其中 $\partial\Omega$ 为 Ω 的边界.

事实上, 这一公式对高维微分流形仍然成立, 我们将在第三章中详细讨论.

作为 Stokes 公式的特殊情形, 考虑平面区域 $\Omega \subseteq \mathbb{R}^2$, 并取 1–形式

$$\omega = P\mathrm{d}x + Q\mathrm{d}y,$$

则

$$\mathrm{d}\omega = dP \wedge \mathrm{d}x + dQ \wedge \mathrm{d}y = \left(\frac{\partial Q}{\partial x} - \frac{\partial P}{\partial y}\right) \mathrm{d}x \wedge \mathrm{d}y.$$

从而 Stokes 公式可以表述为

$$\int_{\partial\Omega} P\mathrm{d}x + Q\mathrm{d}y = \int_\Omega \left(\frac{\partial Q}{\partial x} - \frac{\partial P}{\partial y}\right) \mathrm{d}x \wedge \mathrm{d}y,$$

即我们熟知的 Green 公式.

习题 2.27 利用一般的 Stokes 公式, 推导微积分中的 Newton-Leibniz, Gauss, Stokes 公式.

我们最后留一个有趣的问题给读者. 电影《美丽心灵》中有一个情节, John Nash (纳什) 教授在课堂上给学生们提出一个问题:

设线性空间

$$V := \{\boldsymbol{F} : \mathbb{R}^3 \backslash \{0\} \to \mathbb{R}^3 \mid \nabla \times \boldsymbol{F} = \boldsymbol{0}\}$$

以及

$$W := \{\boldsymbol{F} \mid \boldsymbol{F} = \nabla g\},$$

计算二者的商空间的维数

$$\dim(V/W).$$

这一问题的解决需要一些更为深入的拓扑学知识, 我们暂不讨论. 这里留给大家的问题是:

习题 2.28 运用微分形式的语言重新叙述 Nash 提出的问题.

通过这一问题, 或许读者可以获得有趣的发现, 如果有兴趣的话, 请尝试将这一发现推广到一般维数的情形.

本节微分形式的概念可以很容易地推广到 n 维流形上, 我们将在第三章继续讨论相关理论.

2.6.2 外微分法与正交活动标架

在上一章中, 我们研究了自然标架的运动方程, 并借助这一工具导出了 Gauss 方程与 Codazzi 方程. 这一节中, 我们从余切向量的角度, 引入曲面的正交余标架, 并利用这一工具推导曲面的结构方程, 从而给出研究曲面微分几何的另一种途径. 这一方法就是所谓的“外微分法”. 同时, 我们也可以使用正交切向量场来研究曲面的几何, 即“活动标架法”. 这两种方法互为对偶, 在具体问题的计算中也有各自的优势, 互为补充.

外微分法

为了便于理解与应用, 我们使用正交局部坐标来进行推导.

设 U 是曲面上的一个区域, 利用命题 1.3, 存在 U 上的正交局部坐标 (u, v), 使得度量

$$g = E\mathrm{d}u^2 + G\mathrm{d}v^2.$$

取

$$\omega^1 = \sqrt{E}\mathrm{d}u, \quad \omega^2 = \sqrt{G}\mathrm{d}v,$$

称之为 U 上的一组**正交余标架**.

利用 ω^1 与 ω^2, 我们立即可以得到一些几何不变量. 例如, Riemann 度量

$$g = \omega^1\omega^1 + \omega^2\omega^2, \tag{2.94}$$

曲面面积元

$$\omega^1 \wedge \omega^2 = \sqrt{EG}\mathrm{d}u \wedge \mathrm{d}v = \mathrm{d}A. \tag{2.95}$$

对 1–形式 ω^1, ω^2 求外微分, 则 $\mathrm{d}\omega^1$, $\mathrm{d}\omega^2$ 是 2–形式, 从而存在曲面上的光滑函数 h_1, h_2 使得

$$\begin{cases} \mathrm{d}\omega^1 = h_1\,\omega^1 \wedge \omega^2, \\ \mathrm{d}\omega^2 = h_2\,\omega^2 \wedge \omega^1 \end{cases}$$

成立. 如果我们取

$$\omega_2^1 = h_1\,\omega^1 - h_2\,\omega^2, \quad \omega_1^2 = -h_1\,\omega^1 + h_2\,\omega^2,$$

则 ω_2^1 满足方程

$$\begin{cases} \mathrm{d}\omega^1 = \omega_2^1 \wedge \omega^2, \\ \mathrm{d}\omega^2 = \omega_1^2 \wedge \omega^1, \end{cases} \tag{2.96}$$

其中

$$\omega_2^1 = -\omega_1^2. \tag{2.97}$$

我们称方程 (2.96) 为曲面的**第一结构方程**, ω_2^1 称为**联络形式**.

为方便起见, 我们给出由正交坐标下余标架的联络形式表达式:

引理 2.9 *设 U 是曲面上的一个正交局部坐标邻域, 其上度量为*

$$g = E\mathrm{d}u^2 + G\mathrm{d}v^2.$$

令

$$\omega^1 = \sqrt{E}\mathrm{d}u, \quad \omega^2 = \sqrt{G}\mathrm{d}v$$

为 U 上的一组正交余标架, 则对应的联络形式为

$$\omega_2^1 = -\frac{1}{2}\frac{(\ln E)_v}{\sqrt{G}}\omega^1 + \frac{1}{2}\frac{(\ln G)_u}{\sqrt{E}}\omega^2.$$

证明 利用曲面的第一结构方程可得

$$\begin{cases} \mathrm{d}\omega^1 = (\sqrt{E})_v \mathrm{d}v \wedge \mathrm{d}u = -\dfrac{(\sqrt{E})_v}{\sqrt{G}}\mathrm{d}u \wedge \omega^2, \\ \mathrm{d}\omega^2 = (\sqrt{G})_u \mathrm{d}u \wedge \mathrm{d}v = -\dfrac{(\sqrt{G})_u}{\sqrt{E}}\mathrm{d}v \wedge \omega^1. \end{cases}$$

由此即可解得联络形式

$$\begin{aligned} \omega_2^1 &= -\frac{(\sqrt{E})_v}{\sqrt{G}}\mathrm{d}u + \frac{(\sqrt{G})_u}{\sqrt{E}}\mathrm{d}v \\ &= -\frac{1}{2}\frac{(\ln E)_v}{\sqrt{G}}\omega^1 + \frac{1}{2}\frac{(\ln G)_u}{\sqrt{E}}\omega^2. \end{aligned}$$

□

注意到, 联络形式中出现了“联络”一词. 一个自然的问题是, 联络形式与 Levi-Civita 联络有什么联系? 为回答这一问题, 我们首先寻找联络形式与切平面上单位正交基的关系.

命题 2.6 设 $\{e_1, e_2\}$ 为 $\{\omega^1, \omega^2\}$ 在切平面中的对偶基, 即

$$\omega^i(e_j) = \delta^i_j, \tag{2.98}$$

则联络形式

$$\omega^1_2 = \langle \nabla e_1, e_2 \rangle_g \tag{2.99}$$

且

$$\nabla e_1 = -\omega^2_1 e_2, \quad \nabla e_2 = -\omega^1_2 e_1, \tag{2.100}$$

或者以统一的形式表示:

$$\nabla e_i = -\omega^j_i e_j, \quad i = 1, 2. \tag{2.101}$$

证明 在正交局部坐标下,

$$\omega^1 = \sqrt{E}\mathrm{d}u, \quad \omega^2 = \sqrt{G}\mathrm{d}v,$$

取对偶基

$$e_1 = \frac{1}{\sqrt{E}}\partial_u, \quad e_2 = \frac{1}{\sqrt{G}}\partial_v.$$

利用 Levi-Civita 联络与度量相容的性质, 我们得到

$$0 = \nabla\langle e_i, e_j \rangle_g = \langle \nabla e_i, e_j \rangle_g + \langle e_i, \nabla e_j \rangle_g,$$

从而

$$\langle \nabla e_1, e_1 \rangle_g = \langle \nabla e_2, e_2 \rangle_g = 0, \quad \langle \nabla e_1, e_2 \rangle_g = -\langle \nabla e_2, e_1 \rangle_g.$$

特别地,

$$\begin{aligned}
\langle \nabla e_1, e_2 \rangle_g =& \left\langle \nabla \left(\frac{1}{\sqrt{E}}\partial_u \right), \frac{1}{\sqrt{G}}\partial_v \right\rangle_g \\
=& \frac{1}{\sqrt{G}} \left\langle \nabla \left(\frac{1}{\sqrt{E}} \right) \partial_u + \frac{1}{\sqrt{E}} \nabla \partial_u, \partial_v \right\rangle_g \\
=& \frac{1}{\sqrt{EG}} \left\langle \left(\nabla_{\partial_u} \partial_u \right) \mathrm{d}u + \left(\nabla_{\partial_v} \partial_u \right) \mathrm{d}v, \partial_v \right\rangle_g
\end{aligned}$$

$$
\begin{aligned}
&=\frac{1}{\sqrt{EG}}\left\langle\left(\Gamma_{uu}^{v}\partial_v\right)\mathrm{d}u+\left(\Gamma_{vu}^{v}\partial_v\right)\mathrm{d}v,\partial_v\right\rangle_g\\
&=\frac{1}{\sqrt{EG}}\left\langle\left(\Gamma_{uu}^{v}\mathrm{d}u+\Gamma_{vu}^{v}\mathrm{d}v\right)\partial_v,\partial_v\right\rangle_g\\
&=\sqrt{\frac{G}{E}}\left(\Gamma_{uu}^{v}\mathrm{d}u+\Gamma_{vu}^{v}\mathrm{d}v\right).
\end{aligned}
$$

另一方面, 直接计算 Christoffel 符号, 可得

$$
\begin{aligned}
\Gamma_{uu}^{v}&=\frac{1}{2}g^{vv}\left(2\partial_u g_{uv}-\partial_v g_{uu}\right)=-\frac{1}{2}\frac{E_v}{G},\\
\Gamma_{vu}^{v}&=\frac{1}{2}g^{vv}\left(\partial_v g_{uv}+\partial_u g_{vv}-\partial_v g_{vu}\right)=\frac{1}{2}\frac{G_u}{G}.
\end{aligned}
$$

利用引理 2.9,

$$
\begin{aligned}
\langle\nabla e_1,e_2\rangle_g&=-\frac{1}{2}\frac{E_v}{E\sqrt{G}}\omega^1+\frac{1}{2}\frac{G_u}{G\sqrt{E}}\omega^2\\
&=-\frac{1}{2}\frac{(\ln E)_v}{\sqrt{G}}\omega^1+\frac{1}{2}\frac{(\ln G)_u}{\sqrt{E}}\omega^2=\omega_2^1.
\end{aligned}
$$

由此可得

$$
\nabla e_1=\omega_2^1e_2=-\omega_1^2e_2
$$

及

$$
\nabla e_2=\langle\nabla e_2,e_1\rangle_g e_1=-\langle\nabla e_1,e_2\rangle_g e_1=-\omega_2^1e_1. \qquad \square
$$

更一般地, 我们有

命题 2.7 设 X,Y 为曲面上的切向量场, 则有协变微分及协变导数公式:

$$
\nabla Y=\left(\mathrm{d}Y^j-\omega_i^jY^i\right)e_j \tag{2.102}
$$

与

$$
\nabla_XY=X^k\left(e_k(Y^j)-\omega_i^j(e_k)Y^i\right)e_j \tag{2.103}
$$

成立.

证明 利用命题 2.6, 直接计算可得

$$
\nabla Y=\nabla(Y^ie_i)=\mathrm{d}Y^ie_i+Y^i\nabla e_i=\mathrm{d}Y^ie_i-Y^i\omega_i^je_j=\left(\mathrm{d}Y^j-\omega_i^jY^i\right)e_j.
$$

从而,

$$
\nabla_XY=X^k\nabla_{e_k}Y=X^k\left(\mathrm{d}Y^j(e_k)-\omega_i^j(e_k)Y^i\right)e_j=X^k\left(e_k(Y^j)-\omega_i^j(e_k)Y^i\right)e_j. \qquad \square
$$

习题 2.29 在标架 (2.94) 下, 证明:

$$\omega_2^1(e_1)=\frac{\sqrt{G}}{E}\Gamma_{uu}^v,\quad \omega_2^1(e_2)=\frac{1}{\sqrt{E}}\Gamma_{vu}^v, \tag{2.104}$$

并解释为什么上式看起来不够“整齐”. 利用这一关系, 证明等式 (2.103) 与定义 2.3 是一致的.

由于联络形式 ω_2^1 是一个 1–形式, 对它求外微分, 我们会得到一个 2–形式. 上面我们证明了联络形式实际上对应 Christoffel 符号, 因此可以猜测 $\mathrm{d}\omega_2^1$ 应当对应 Γ_{ij}^k 的导数, 即曲面的曲率.

命题 2.8 (曲面的第二结构方程)

$$\mathrm{d}\omega_1^2=K\omega^1\wedge\omega^2, \tag{2.105}$$

其中 K 为曲面的 Gauss 曲率.

证明 我们仍然在正交局部坐标下计算, 取

$$\omega^1=\sqrt{E}\mathrm{d}u,\quad \omega^2=\sqrt{G}\mathrm{d}v.$$

利用引理 2.9, 我们有联络形式

$$\omega_1^2=\frac{(\sqrt{E})_v}{\sqrt{G}}\mathrm{d}u-\frac{(\sqrt{G})_u}{\sqrt{E}}\mathrm{d}v.$$

因此,

$$\begin{aligned}\mathrm{d}\omega_1^2&=\left(\frac{(\sqrt{E})_v}{\sqrt{G}}\right)_v\mathrm{d}v\wedge\mathrm{d}u-\left(\frac{(\sqrt{G})_u}{\sqrt{E}}\right)_u\mathrm{d}u\wedge\mathrm{d}v\\&=-\frac{1}{\sqrt{EG}}\left(\left(\frac{(\sqrt{G})_u}{\sqrt{E}}\right)_u+\left(\frac{(\sqrt{E})_v}{\sqrt{G}}\right)_v\right)\omega^1\wedge\omega^2.\end{aligned}$$

利用习题 1.35, 我们得到

$$\mathrm{d}\omega_1^2=K\omega^1\wedge\omega^2.$$

□

注 2.8 曲面的第二结构方程事实上就是曲面 Gauss 方程的内蕴形式.

外微分法在计算曲面的 Gauss 曲率时非常方便, 是十分常用的工具.

例 2.7 对 2 维单位球面 $\mathbb{S}^2$, 其标准度量由

$$g_1=\mathrm{d}\varphi^2+\sin^2\varphi\mathrm{d}\theta^2$$

给出. 令

$$\omega^1 = \mathrm{d}\varphi, \quad \omega^2 = \sin\varphi\ \mathrm{d}\theta.$$

利用曲面的第一结构方程

$$\mathrm{d}\omega^1 = 0, \quad \mathrm{d}\omega^2 = \cos\varphi\ \mathrm{d}\varphi \wedge \mathrm{d}\theta = -\cos\varphi\ \mathrm{d}\theta \wedge \omega^1$$

解得联络形式

$$\omega_1^2 = -\cos\varphi \mathrm{d}\theta.$$

于是, 曲面的第二结构方程

$$\mathrm{d}\omega_1^2 = \sin\varphi\ \mathrm{d}\varphi \wedge \mathrm{d}\theta = \omega^1 \wedge \omega^2.$$

这样我们就通过外微分法计算得到球面的 Gauss 曲率为 $K = 1$.

习题 2.30 利用外微分法计算度量

$$g_0 = \mathrm{d}r^2 + r^2\mathrm{d}\theta^2$$

与

$$g_{-1} = \mathrm{d}r^2 + \sinh^2 r\mathrm{d}\theta^2$$

的 Gauss 曲率.

正交活动标架法

由于切平面与余切平面互为对偶空间, 给定曲面 S 上的正交余标架场 $\{\omega^1, \omega^2\}$, 可以确定出曲面上的一个正交标架场 $\{e_1, e_2\}$, 使得

$$\omega^i(e_j) = \delta^i_j.$$

余标架场 $\{\omega^1, \omega^2\}$ 满足曲面的第一结构方程 (2.96), 等价地, 正交标架场 $\{e_1, e_2\}$ 也满足特定的方程, 我们称之为**正交标架场的运动方程**. 事实上, 这一方程正是命题 2.6 给出的关系:

定义 2.13 *方程组*

$$\begin{cases} \nabla e_1 = -\omega_1^2 e_2, \\ \nabla e_2 = -\omega_2^1 e_1 \end{cases} \tag{2.106}$$

称为正交标架场 $\{e_1, e_2\}$ 的运动方程.

习题 2.31 设 $\{\overline{e}_1,\overline{e}_2\}$ 为曲面的另一个单位正交标架, 并且

$$\overline{e}_1=\cos\theta\ e_1+\sin\theta\ e_2,\quad \overline{e}_2=-\sin\theta\ e_1+\cos\theta\ e_2. \tag{2.107}$$

令 $\overline{\omega}^1,\overline{\omega}^2$ 以及 $\overline{\omega}_1^2$ 为对应的余标架与联络形式. 证明联络形式有如下变换关系:

$$\overline{\omega}_1^2=\mathrm{d}\theta+\omega_1^2. \tag{2.108}$$

利用习题 2.24, 正交活动标架的二阶协变导数也可以给出 Gauss 曲率:

$$\langle\nabla_{e_1}\nabla_{e_2}e_1-\nabla_{e_2}\nabla_{e_1}e_1-\nabla_{[e_1,e_2]}e_1,e_2\rangle_g=R_{1212}=K. \tag{2.109}$$

这一方程实际上对应曲面的第二结构方程, 本质上也是 Gauss 方程.

习题 2.32 利用正交标架场的运动方程 (2.106), 证明方程 (2.109) 与曲面的第二结构方程 (2.105) 等价.

习题 2.33 证明方程 (2.109) 不依赖于正交标架的选取, 即在标架变换 (2.107) 下方程形式不变.

2.6.3 $\mathbb{R}^3$ 中的正交活动标架

我们前面从内蕴几何的角度讨论了曲面上的活动标架以及外微分法. 利用类似的思想, 可以引入 $\mathbb{R}^3$ 中曲面上的单位正交活动标架 $\{e_1,e_2,e_3\}$, 其中向量 e_3 为曲面的单位法向量. 对应的标架运动方程为

$$\begin{cases}\mathrm{d}\boldsymbol{r}=\omega^1e_1+\omega^2e_2,\\ \mathrm{d}e_1=\omega_1^2e_2+\omega_1^3e_3,\\ \mathrm{d}e_2=\omega_2^1e_1+\omega_2^3e_3,\\ \mathrm{d}e_3=\omega_3^1e_1+\omega_3^2e_2,\end{cases} \tag{2.110}$$

其中 ω^1,ω^2 以及

$$\omega_1^2=\langle\mathrm{d}e_1,e_2\rangle, \tag{2.111}$$

$$\omega_1^3=\langle\mathrm{d}e_1,e_3\rangle, \tag{2.112}$$

$$\omega_2^3=\langle\mathrm{d}e_2,e_3\rangle \tag{2.113}$$

等方程系数为 1–形式, 并且满足

$$\omega_i^j=-\omega_j^i,\quad i,j=1,2,3. \tag{2.114}$$

利用上述正交标架的运动方程, 我们立即可以得到曲面的度量

$$g=\langle\mathrm{d}\boldsymbol{r},\mathrm{d}\boldsymbol{r}\rangle=\omega^1\omega^1+\omega^2\omega^2 \tag{2.115}$$

与第二基本形式

$$A=-\langle \mathrm{d}\boldsymbol{r},\mathrm{d}e_3\rangle=\omega^1\omega_1^3+\omega^2\omega_2^3. \tag{2.116}$$

由于 ω_1^3 与 ω_2^3 都是 1–形式, 因此可以表示为 ω^1 与 ω^2 的线性组合

$$\omega_1^3=h_{11}\omega^1+h_{12}\omega^2,\quad \omega_2^3=h_{21}\omega^1+h_{22}\omega^2. \tag{2.117}$$

于是, 曲面的第二基本形式可以表示为

$$A=h_{11}\omega^1\omega^1+h_{12}\omega^1\omega^2+h_{21}\omega^2\omega^1+h_{22}\omega^2\omega^2. \tag{2.118}$$

即矩阵 (h_{ij}) 对应正交标架 $\{e_1,e_2\}$ 下第二基本形式的系数矩阵. 从而,

$$h_{12}=h_{21}. \tag{2.119}$$

特别地, 矩阵 (h_{ij}) 的特征值即为曲面的主曲率, 并且平均曲率与 Gauss 曲率可以表示为

$$H=\mathrm{tr}(h_{ij})=h_{11}+h_{22},\quad K=\det(h_{ij})=h_{11}h_{22}-h_{12}^2. \tag{2.120}$$

如果取 e_1 与 e_2 为曲面的主方向, 则

$$\omega_1^3=\kappa_1\omega^1,\quad \omega_2^3=\kappa_2\omega^2, \tag{2.121}$$

其中 κ_1 与 κ_2 为曲面的主曲率.

习题 2.34 设 $\{\overline{e}_1,\overline{e}_2\}$ 为曲面的另一个单位正交标架场, 并且

$$\overline{e}_1=\cos\theta\ e_1+\sin\theta\ e_2,\quad \overline{e}_2=-\sin\theta\ e_1+\cos\theta\ e_2, \tag{2.122}$$

令 $\overline{\omega}^1,\overline{\omega}^2$ 以及 $\overline{\omega}_1^2,\overline{\omega}_1^3,\overline{\omega}_2^3$ 为对应的 1–形式.

(1) 证明:

$$\overline{\omega}^1\overline{\omega}^1+\overline{\omega}^2\overline{\omega}^2=\omega^1\omega^1+\omega^2\omega^2,\quad \overline{\omega}^1\overline{\omega}_1^3+\overline{\omega}^2\overline{\omega}_2^3=\omega^1\omega_1^3+\omega^2\omega_2^3 \tag{2.123}$$

即曲面的第一、第二基本形式不依赖于标架的选取.

(2) 找出由 ω^1,ω^2 以及 $\omega_1^2,\omega_1^3,\omega_2^3$ 构成的所有不依赖于标架选取的二次组合.

与之前类似, 对正交标架的运动方程求外微分, 可以得到曲面的**第一结构方程**:

$$\begin{cases}\mathrm{d}\omega^1=\omega_2^1\wedge\omega^2,\\ \mathrm{d}\omega^2=\omega_1^2\wedge\omega^1,\end{cases} \tag{2.124}$$

以及**第二结构方程**:

$$\begin{cases}\mathrm{d}\omega_1^2=\omega_3^2\wedge\omega_1^3,\\ \mathrm{d}\omega_1^3=\omega_2^3\wedge\omega_1^2,\\ \mathrm{d}\omega_2^3=\omega_1^3\wedge\omega_2^1.\end{cases} \tag{2.125}$$

相较于内蕴情形, 此时曲面的第二结构方程增加了两个. 此前在正交局部坐标下, 我们证明了

$$\mathrm{d}\omega_1^2 = K\omega^1 \wedge \omega^2.$$

因此不难联想到, (2.125) 中第一个方程即为 Gauss 方程, 而后两个方程事实上就是 Codazzi 方程.

习题 2.35 设 (u, v) 为曲面的正交局部坐标, 证明: 方程 (2.125) 具有习题 1.35 与习题 1.37 中 Gauss-Codazzi 方程的形式.

习题 2.36 利用曲面的结构方程, 证明: $\mathbb{R}^3$ 中主曲率为常数的曲面只能是平面、球面或是圆柱面.

2.7 常 Gauss 曲率曲面

曲面的分类问题是曲面研究中一个十分基本的问题. 在这些分类问题中, 常 Gauss 曲率曲面的分类问题又是其中最重要的问题之一. 本节中我们主要考虑常 Gauss 曲率曲面的局部分类问题, 从中我们也可以看到微分几何与微分方程理论的深刻联系.

对于曲面 Σ, 设 P 点的一个测地极坐标邻域为 U, (r, θ) 为测地极坐标. 由命题 2.3, 度量在 U 上可以表示为

$$g = \mathrm{d}r^2 + f^2(r, \theta)\mathrm{d}\theta^2, \tag{2.126}$$

其中 $f(r, \theta)$ 是 U 上的一个光滑函数.

利用外微分法, 取余标架

$$\omega^1 = \mathrm{d}r, \quad \omega^2 = f(r, \theta)\ \mathrm{d}\theta. \tag{2.127}$$

对 ω^1, ω^2 求外微分得到

$$\mathrm{d}\omega^1 = \mathrm{d}^2 r = 0, \quad \mathrm{d}\omega^2 = \partial_r f(r, \theta)\mathrm{d}r \wedge \mathrm{d}\theta = -\frac{\partial_r f(r, \theta)}{f(r, \theta)}\omega^2 \wedge \omega^1. \tag{2.128}$$

利用曲面的第一结构方程, 解得对应的联络形式

$$\omega_2^1 = \frac{\partial_r f(r, \theta)}{f(r, \theta)}\omega^2. \tag{2.129}$$

对联络形式再求一次外微分得到

$$\mathrm{d}\omega_2^1 = \partial_r\left(\frac{\partial_r f(r, \theta)}{f(r, \theta)}\right)\mathrm{d}r \wedge \omega^2 + \frac{\partial_r f(r, \theta)}{f(r, \theta)}\mathrm{d}\omega^2 = \frac{\partial_r^2 f(r, \theta)}{f(r, \theta)}\omega^1 \wedge \omega^2. \tag{2.130}$$

由曲面的第二结构方程得到曲面的 Gauss 曲率

$$K = -\frac{\partial_r^2 f(r,\theta)}{f(r,\theta)}.$$

我们得到关于函数 f 的微分方程:

$$\partial_r^2 f(r,\theta) + K f(r,\theta) = 0. \tag{2.131}$$

由假设, 曲面具有常 Gauss 曲率, 即 K 是常数. 因而根据二阶常系数常微分方程的理论, 方程的解有如下分类:

- $K = 0$:

$$f(r,\theta) = a(\theta)r + b(\theta); \tag{2.132}$$

- $K > 0$:

$$f(r,\theta) = a(\theta)\cos\sqrt{K}r + b(\theta)\sin\sqrt{K}r; \tag{2.133}$$

- $K < 0$:

$$f(r,\theta) = a(\theta)\cosh\sqrt{-K}r + b(\theta)\sinh\sqrt{-K}r. \tag{2.134}$$

由命题 2.3, 我们赋予函数 $f(r,\theta)$ 如下的初值:

$$f(0,\theta) = 0, \quad \partial_r f(0,\theta) = 1. \tag{2.135}$$

从而得到具有几何意义的解:

- $K = 0$:

$$f(r,\theta) = r; \tag{2.136}$$

- $K > 0$:

$$f(r) = \frac{1}{\sqrt{K}}\sin\sqrt{K}r; \tag{2.137}$$

- $K < 0$:

$$f(r) = \frac{1}{\sqrt{-K}}\sinh\sqrt{-K}r. \tag{2.138}$$

于是, 我们得到 P 点的测地极坐标邻域 U 上的度量为

- $K = 0$:

$$g = \mathrm{d}r^2 + r^2\,\mathrm{d}\theta^2 \tag{2.139}$$

对应欧氏度量;

- $K > 0$:

$$g = \mathrm{d}r^2 + \frac{1}{K} \sin^2 \sqrt{K} r \ \mathrm{d}\theta^2 \tag{2.140}$$

对应球度量;

- $K < 0$:

$$g = \mathrm{d}r^2 - \frac{1}{K} \sinh^2 \sqrt{-K} r \ \mathrm{d}\theta^2 \tag{2.141}$$

对应双曲度量.

这样我们就证明了常 Gauss 曲率曲面的局部分类定理:

定理 2.10 常 Gauss 曲率曲面在局部上只能等距于平面、球面以及双曲面上的一个邻域.

事实上, 在假设曲面单连通以及完备性的条件下, 这一结果可以拓展到整个曲面上:

定理 2.11 具有常 Gauss 曲率的单连通、完备曲面只有平面、球面以及双曲面三种.

这个定理的证明需要后文介绍的曲面的测地完备性, 我们就不详细展开了, 感兴趣的读者可以参阅 [7].

2.8 Gauss-Bonnet 公式

作为微分几何最经典的结果之一, Gauss-Bonnet 公式建立了几何与拓扑之间的深刻联系. 由此发展出的 Chern-Weil (陈省身–韦伊) 理论及更一般的指标理论, 对现代数学与理论物理的发展有十分重要的影响.

曲面上的 Gauss-Bonnet 公式的一般形式如下:

定理 2.12 (Gauss-Bonnet 公式) 设 Σ 是紧致曲面, 并且带有分段光滑边界 $\partial\Sigma$, 则

$$\int_\Sigma K \mathrm{d}A + \int_{\partial\Sigma} \kappa_g \mathrm{d}s + \sum_{j=1}^m \alpha_j = 2\pi\chi(\Sigma), \tag{2.142}$$

其中 α_j, $j = 1, 2, \cdots, m$ 是 $\partial\Sigma$ 顶点的外角, $\chi(\Sigma)$ 是 Σ 的 Euler 示性数.

特别对紧致无边曲面, 有如下重要推论:

推论 2.13 设 Σ 是紧致无边曲面, 则

$$\int_\Sigma K \mathrm{d}A = 2\pi\chi(\Sigma). \tag{2.143}$$

Gauss-Bonnet 公式的证明主要分为几何和拓扑两个部分.

几何部分的证明

我们首先考虑曲面具有平凡拓扑的情形:

引理 2.14 设 P 是曲面 Σ 上的一点, U 是 P 的一个等温坐标邻域. 令 $D \subseteq U$ 是 P 点的一个邻域且有光滑边界 $\partial D \subseteq U$, 则

$$\int_D K \mathrm{d}A + \int_{\partial D} \kappa_g \mathrm{d}s = 2\pi. \tag{2.144}$$

证明 由于 U 是等温坐标邻域, 不妨设

$$g = \mathrm{e}^{2\lambda}\left(\mathrm{d}u^2 + \mathrm{d}v^2\right)$$

为 U 上的度量. 取

$$\omega^1 = \mathrm{e}^{\lambda}\mathrm{d}u, \quad \omega^2 = \mathrm{e}^{\lambda}\mathrm{d}v,$$

则对应的联络形式

$$\omega_2^1 = -\lambda_v \mathrm{d}u + \lambda_u \mathrm{d}v.$$

由 Liouville 公式, 曲线 ∂D 的测地曲率为

$$\kappa_g = \frac{\mathrm{d}\theta}{\mathrm{d}s} - \mathrm{e}^{-\lambda}\lambda_v \cos\theta + \mathrm{e}^{-\lambda}\lambda_u \sin\theta,$$

其中 θ 为 ∂D 与 u 坐标曲线的夹角. 而

$$\cos\theta = \mathrm{e}^{\lambda}\frac{\mathrm{d}u}{\mathrm{d}s}, \quad \sin\theta = \mathrm{e}^{\lambda}\frac{\mathrm{d}v}{\mathrm{d}s},$$

则

$$\kappa_g \mathrm{d}s = \mathrm{d}\theta - \lambda_v \mathrm{d}u + \lambda_u \mathrm{d}v = \mathrm{d}\theta + \omega_2^1.$$

从而

$$\int_{\partial D} \kappa_g \mathrm{d}s = \int_0^{2\pi} \mathrm{d}\theta + \int_{\partial D} \omega_2^1 = 2\pi - \int_{\partial D} \omega_1^2.$$

利用 Gauss 方程

$$\mathrm{d}\omega_1^2 = K \mathrm{d}A$$

及 Stokes 公式, 得到

$$\int_D K \mathrm{d}A = \int_D \mathrm{d}\omega_1^2 = \int_{\partial D} \omega_1^2 = 2\pi - \int_{\partial D} \kappa_g \mathrm{d}s. \qquad \square$$

对边界分段光滑的情形, 我们可以利用光滑逼近的技术证明:

引理 2.15 设 Γ 是一条分段光滑的简单闭曲线, 则

$$\int_{\Gamma} \mathrm{d}\theta = 2\pi - \sum_{j=1}^{m} \alpha_j,$$

其中 $\alpha_j, j = 1, 2, \cdots, m$ 为曲线 Γ 的顶点外角.

这一引理的证明具有很强的几何直观性, 我们将其留给读者, 请写清楚其中的证明细节.

习题 2.37 证明引理 2.15.

由此我们可以证明“局部 Gauss-Bonnet 公式”:

命题 2.9 设 P 是曲面 Σ 上的一点, U 是 P 点的一个等温坐标邻域. 令 $D \subseteq U$ 是 P 的一个邻域且有分段光滑边界 $\partial D \subseteq U$, 则

$$\int_{D} K\mathrm{d}A + \int_{\partial D} \kappa_g \mathrm{d}s + \sum_{j=1}^{m} \alpha_j = 2\pi. \tag{2.145}$$

其中 $\alpha_j, j = 1, 2, \cdots, m$ 为边界曲线 ∂D 的顶点外角.

特别地, 我们有

推论 2.16 设 P 是曲面 Σ 上的一点, U 是 P 点的一个等温坐标邻域. 令 $T \subseteq U$ 为一个曲边三角形, 则

$$\int_{T} K\mathrm{d}A + \int_{\partial T} \kappa_g \mathrm{d}s = \sum_{j=1}^{3} \beta_j - \pi, \tag{2.146}$$

其中 $\beta_1, \beta_2, \beta_3$ 是曲边三角形 T 的三个内角.

至此我们完成了 Gauss-Bonnet 公式几何部分的证明. 为将局部 Gauss-Bonnet 公式拓展至整体情形, 我们需要拓扑部分的证明.

拓扑部分的证明

设 Σ 是紧致曲面, 我们可以将曲面 Σ 剖分成有限多个曲边三角形:

$$\Sigma = \bigcup_{i=1}^{n} T_i,$$

其中 $T_i \subseteq \Sigma$ 是闭曲边三角形. 为保证剖分的规范性, 我们要求

(1) 若点 $P \in \Sigma$ 且 $P \notin \bigcup_{i=1}^{n} \partial T_i$, 则存在唯一一个三角形 T_j, 使得 P 落在 T_j 的内部;

(2) 若 $e = T_i \cap T_j \neq \varnothing$, 则 e 为二者的公共边;

(3) 若 $Q = T_i \cap T_j \cap T_k \neq \varnothing$, 则 Q 为三者的公共顶点.

满足这样三条性质的集合 $\{T_i\}_{i=1}^n$ 称为 Σ 的一个**三角剖分**.

例如, 球面 $\mathbb{S}^2$ 可以剖分为 4 个曲边三角形 $\{T_i\}_{i=1}^4$(见图 2.4).

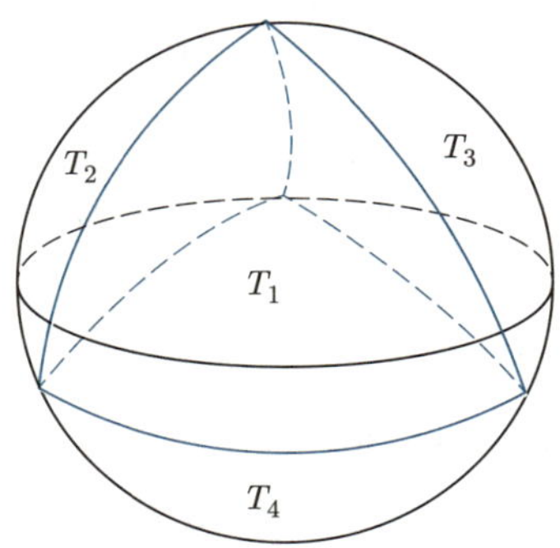

图 2.4　球面的三角剖分

有关三角剖分的存在性, 我们不加证明地给出如下结果:

定理 2.17　*任意紧致曲面均存在有限三角剖分.*

上述定理直观上是显而易见的, 本质上是基于曲面局部同胚于欧氏空间的事实. 对于非紧曲面, 亦存在三角剖分, 只是此时不再是有限剖分.

利用三角剖分, 我们可以定义紧致曲面 Σ 的 Euler 示性数.

定义 2.14　*设 $\{T_i\}_{i=1}^f$ 是紧致曲面 Σ 的一个三角剖分, 称*

$$\chi(\Sigma) = v - e + f \tag{2.147}$$

为曲面 Σ 的 **Euler 示性数**, *其中 v 为三角剖分的顶点数, e 为边数, f 为面数 (三角形的个数).*

曲面的 Euler 示性数是一个拓扑不变量, 特别地, 由此可知

定理 2.18　*曲面的 Euler 示性数不依赖于曲面的三角剖分.*

证明涉及较多代数拓扑学知识, 我们在此略过, 感兴趣的读者可以查阅相关书籍.

习题 2.38　(1) 利用三角剖分计算球面与环面的 Euler 示性数;

(2) 对球面证明: Euler 示性数不依赖于球面的三角剖分.

通过将曲面进行三角剖分, 曲面的整体 Gauss-Bonnet 公式约化为一个组合问题.

证明 (Gauss-Bonnet 公式的证明)　设 $\{T_i\}_{i=1}^f$ 为 Σ 的一个三角剖分, 使得每个 T_i 都落在某点的等温坐标邻域内, 且 T_i 的边界依逆时针定向.

由局部 Gauss-Bonnet 公式,

$$\int_\Sigma K\mathrm{d}A = \sum_{i=1}^f \int_{T_i} K\mathrm{d}A = -\sum_{i=1}^f \int_{\partial T_i} \kappa_g \mathrm{d}s + \sum_{i=1}^f \left(\beta_i^1 + \beta_i^2 + \beta_i^3\right) - \pi f.$$

对处于 Σ 内部的三角形边界, 作为两个相邻三角形的公共边, 因定向相反, 其积分

相互抵消. 于是,

$$\sum_{i=1}^{f}\int_{\partial T_i}\kappa_g \mathrm{d}s=\int_{\partial\Sigma}\kappa_g \mathrm{d}s.$$

记

- v_I: Σ 内部的三角形顶点数, v_B: $\partial\Sigma$ 上的三角形顶点数;
- e_I: Σ 内部的三角形边数, e_B: $\partial\Sigma$ 上的三角形边数.

对处于内部的三角形顶点 P, 作为公共顶点, 各三角形在 P 点内角之和为 2π; 而处在边界上的三角形顶点 Q, 顶点的内角和为 $\pi-\alpha_i$(边界 ∂D 的顶点) 或 π(∂D 上的其他点). 于是,

$$\begin{aligned}\sum_{i=1}^{f}\left(\beta_i^1+\beta_i^2+\beta_i^3\right)=&2\pi v_I+\pi(v_B-m)+\sum_{i=1}^{m}(\pi-\alpha_i)\\=&2\pi v_I+\pi v_B-\sum_{i=1}^{m}\alpha_i.\end{aligned}$$

注意到

$$e_B=v_B,\qquad 3f=2e_I+e_B,$$

于是,

$$\sum_{i=1}^{f}\left(\beta_i^1+\beta_i^2+\beta_i^3\right)-\pi f=2\pi\chi(\Sigma)-\sum_{j=1}^{m}\alpha_j.$$

因此,

$$\int_{\Sigma}K\mathrm{d}A+\int_{\partial\Sigma}\kappa_g\mathrm{d}s+\sum_{j=1}^{m}\alpha_j=2\pi\chi(\Sigma).$$ □

特别地, 若 Σ 是单连通的带边曲面, 则 Σ 同胚于三角形. 于是,

$$\chi(\Sigma)=1.$$

因此, 我们得到局部 Gauss-Bonnet 公式的一个大范围推广:

推论 2.19 设 Σ 是单连通、紧致曲面, 并且带有分段光滑边界 $\partial\Sigma$, 则

$$\int_{\Sigma}K\mathrm{d}A+\int_{\partial\Sigma}\kappa_g\mathrm{d}s+\sum_{j=1}^{m}\alpha_j=2\pi.$$

习题 2.39 证明: 球面上不存在 Gauss 曲率逐点非正的度量.

Gauss-Bonnet 公式还有许多其他重要的应用, 感兴趣的读者请参见 [8].

第三章

微分流形

3.1 什么是微分流形

我们首先回顾欧氏空间的一些概念, $\mathbb{R}^n$ 表示 n 维欧氏空间. 设 $U \subseteq \mathbb{R}^n$ 是一个开集, 一个映射 $f: U \to \mathbb{R}^l$ 被称为光滑的, 是指它的所有任意阶偏导数都存在而且连续, 记之为 $f \in C^\infty(U)$.

设 $X \subseteq \mathbb{R}^n$ 是一个任意的子集, $f: X \to \mathbb{R}^l$ 被称为一个**光滑映射**是指对任意一点 $x \in X$, 存在一个邻域 $U_x \ni x$ 和一个光滑映射 $F_x: U_x \to \mathbb{R}^l$ 使得它限制在 $X \cap U_x$ 上等于 f, 即 $F_x|_{X\cap U_x} = f$.

对于任意一个集合 $X \subseteq \mathbb{R}^n$, 我们称 $X_1 \subseteq X$ 是 X 中的一个开集, 是指存在一个 $\mathbb{R}^n$ 中的开集 U 使得 $X_1 = X \cap U$, 换句话说, 我们采用从欧氏空间中诱导的拓扑.

设 $X \subseteq \mathbb{R}^n$,$Y \subseteq \mathbb{R}^l$ 和 $f: X \to Y$, 我们称 f 为一个**微分同胚**是指它是 1–1 的, 并且 f, f^{-1} 都是光滑映射.

定义 3.1 一个集合 $M \subseteq \mathbb{R}^k$ 称为一个n **维光滑流形**, 是指对于每一点 $x \in M$, 都存在一个邻域 $U \cap M$ 微分同胚于 $\mathbb{R}^n$ 的一个开子集.

例 3.1 $\mathbb{R}^3$ 中的单位球面

$$\mathbb{S}^2 := \{(x, y, z) \in \mathbb{R}^3 |\ x^2 + y^2 + z^2 = 1\} \subseteq \mathbb{R}^3$$

是一个 2 维光滑流形.

3.1.1 抽象流形

以上微分流形的定义强烈依赖于 $\mathbb{R}^k$ 的具体信息, 一方面, 从 Gauss 到 Riemann, 再到 Poincaré, 微分几何获得了极大的发展; 但是另一方面, 许多问题使得如何给出一个抽象定义的微分流形成为迫切需要解决的问题. 例如, 广义相对论需要许多计算量具有某种“协变性”, 即在不同坐标下的计算结果具有“不变性”. 又如, Riemann 在研究单复变函数时, 引入现代被称为“Riemann 面”的几何对象. 直到 1912 年, 才由 Hermann Weyl (外尔) 给出了一个微分流形的抽象定义.

定义 3.2((拓扑) 流形) 一个 n 维 (拓扑) 流形 M 是一个 Hausdorff (豪斯多夫) 局部紧拓扑空间, 使得每一点 $x \in M$ 都有一个邻域 U_x 同胚于 n 维欧氏空间 $\mathbb{R}^n$ 中的一个开集.

如果不熟悉拓扑学的概念, 建议把 M 看作一个度量空间.

注 3.1 这里的同胚于欧氏空间中的开集可以换成更加具体的单位开球 $B_1(0^n) = \{x \in \mathbb{R}^n | \|x\| < 1\}$. 注意, 这个事实并不是显然的.

例 3.2 一个 $\mathbb{R}^3$ 中的曲面是一个 2 维流形. 一个多面体的边界面也是一个 2 维流形.

定义 3.3 (C^∞ 微分结构) 设 M 是一个 n 维 (拓扑) 流形.

(1) 一组 C^∞ **图册** $(U_i, \varphi_i)_{i\in I}$ 是指它满足:

- $\{U_i\}_{i\in I}$ 是 M 的一组开覆盖, 即 $M = \bigcup\limits_{i\in I} U_i$;
- 每一个 $i \in I$, $\varphi_i : U_i \to \mathbb{R}^n$ 是从 U_i 到欧氏空间 $\mathbb{R}^n$ 中的一个开集的同胚映射;
- 当 $U_i \cap U_j \neq \varnothing$ 时,

$$\varphi_j \circ \varphi_i^{-1} : \varphi_i(U_i \cap U_j) \to \varphi_j(U_i \cap U_j)$$

是一个 C^∞ 映射 (见图 3.1). 每一个 (U_i, φ_i) 称为一个坐标卡.

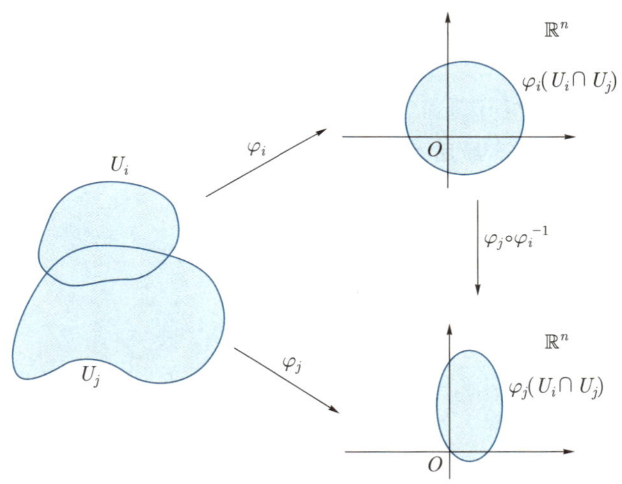

图 3.1 局部坐标相容性

(2) 两组 C^∞ 图册 $\{(U_i, \varphi_i)\}_{i\in I}$ 和 $\{(V_j, \psi_j)\}_{j\in J}$ 被称为等价的 (相容的), 是指它们的并仍是一个 C^∞ 图册.

(3) 一个 C^∞ **微分结构** 是指一个 C^∞ 图册的等价类, 也称为光滑结构.

类似地, 我们可以定义 C^k 微分结构、解析 (记为 C^ω) 微分结构、复微分结构等.

定义 3.4 (微分流形) 一个微分流形是指一个拓扑流形 M 配备好一组 C^∞ 微分结构 $(U_i, \varphi_i)_{i\in I}$.

从定义可以看到, 我们说微分流形时, 实际上是指它需要两个要素: (1) 一个流形 M; (2) 一组微分结构 $\{(U_i, \varphi_i)\}_{i\in I}$.

注意: 从现在开始, 我们总假定流形是连通的.

例 3.3 设 $U \subseteq \mathbb{R}^n$ 和一个 C^∞ 函数 $f : U \to \mathbb{R}$. 考虑 f 的图

$$M := \{(x, f(x)) | x \in U\} \subseteq \mathbb{R}^{n+1}$$

以及映射 $\varphi: M \to U \subseteq \mathbb{R}^n$, $\varphi(x, f(x)) = x$. 则 (M, φ) 是一个微分流形.

例 3.4 球面

$$\mathbb{S}^n = \{x = (x_1, x_2, \cdots, x_n) \quad | \, x_1^2 + x_2^2 + \cdots + x_n^2 = 1\}.$$

为计算方便, 我们仅仅验证 $\mathbb{S}^2$. 取南北极

$$S = (0, 0, -1), \quad N = (0, 0, 1),$$

集合

$$U_1 = \mathbb{S}^2 \setminus \{S\}, \quad U_2 = \mathbb{S}^2 \setminus \{N\},$$

以及球极投影映射

$$\varphi_1 : U_1 \to \mathbb{R}^2, \quad \varphi_1(x_1, x_2, x_3) = \left(\frac{x_1}{x_3 + 1}, \frac{x_2}{x_3 + 1}\right),$$

$$\varphi_2 : U_2 \to \mathbb{R}^2, \quad \varphi_2(x_1, x_2, x_3) = \left(\frac{x_1}{1 - x_3}, \frac{x_2}{1 - x_3}\right).$$

首先 $\{U_1, U_2\}$ 是 $\mathbb{S}^2$ 的一组开覆盖, 其次 φ_1, φ_2 分别是从 U_1, U_2 到 $\mathbb{R}^2$ 的同胚映射. 因此我们知道 $\mathbb{S}^2$ 是一个流形. 最后, 我们需要验证

$$\{(U_1, \varphi_1), (U_2, \varphi_2)\}$$

形成一个 C^∞ 图册, 这只要注意到

$$\varphi_2 \circ \varphi_1^{-1} : \mathbb{R}^2 \to \mathbb{R}^2,$$

$$\varphi_2 \circ \varphi_1^{-1}(a, b) = \left(\frac{a}{a^2 + b^2}, \frac{b}{a^2 + b^2}\right)$$

是一个光滑映射. 因此 $(\mathbb{S}^2, \{(U_i, \varphi_j)\}_{j=1,2})$ 形成一个微分流形.

习题 3.1 我们可以在 $\mathbb{S}^2$ 上引入另一组图册. 设 V_1, V_2 分别为上、下球面,

$$V_1 = \{(x_1, x_2, x_3) | \, x_1^2 + x_2^2 = 1 - x_3^2, \ x_3 > 0\},$$

$$V_2 = \{(x_1, x_2, x_3) | \, x_1^2 + x_2^2 = 1 - x_3^2, \ x_3 < 0\}.$$

类似的另外 4 个开集

$$V_3 = \{(x_1, x_2, x_3) | \, x_2^2 + x_3^2 = 1 - x_1^2, \ x_1 > 0\},$$

$$V_4 = \{(x_1, x_2, x_3) | \, x_2^2 + x_3^2 = 1 - x_1^2, \ x_1 < 0\},$$

$$V_5 = \{(x_1, x_2, x_3) | \, x_3^2 + x_1^2 = 1 - x_2^2, \ x_2 > 0\},$$

$$V_6 = \{(x_1, x_2, x_3) | \, x_3^2 + x_1^2 = 1 - x_2^2, \ x_2 < 0\}.$$

在每一个开集 V_i 上给定一个映射 ψ_i, $i = 1, 2, \cdots, 6$:

$$\psi_i : V_i \to B_1(0) \subseteq \mathbb{R}^2, \quad \psi_i(x_1, x_2, x_3) = (x_1, x_2), \quad i = 1, 2,$$

$$\psi_i : V_i \to B_1(0) \subseteq \mathbb{R}^2, \quad \psi_i(x_1, x_2, x_3) = (x_2, x_3), \quad i = 3, 4,$$

$$\psi_i : V_i \to B_1(0) \subseteq \mathbb{R}^2, \quad \psi_i(x_1, x_2, x_3) = (x_3, x_1), \quad i = 5, 6.$$

验证: $\{(V_i, \psi_i)\}_{1 \leqslant i \leqslant 6}$ 形成一个 $\mathbb{S}^2$ 上的 C^∞ 图册, 并且和以上图册 $\{(U_j, \varphi_j)\}_{j=1,2}$ 等价.

例 3.5 实射影空间 $\mathbb{R}P^n$.

在 $\mathbb{R}^{n+1} \setminus \{0\}$ 上定义等价关系 $\sim$ 如下: 设 $x, y \in \mathbb{R}^{n+1} \setminus \{0\}$, $x \sim y$ 当且仅当存在非零实数 a 使得 $x = ay$. 对于 $x \in \mathbb{R}^{n+1} \setminus \{0\}$, x 的等价类记为

$$[x] = [x_1, x_2, \cdots, x_{n+1}].$$

n 维实射影空间 $\mathbb{R}P^n$ 是指商空间

$$\mathbb{R}P^n = (\mathbb{R}^{n+1} \setminus \{0\})/\sim = \{[x] |\ x \in \mathbb{R}^{n+1} \setminus \{0\}\}.$$

引入 C^∞ 图册如下: 令

$$U_i = \{[x_1, x_2, \cdots, x_{n+1}] |\ x_i \neq 0\}, \quad i = 1, 2, \cdots, n+1,$$

和映射

$$\varphi_i([x]) = (x_1/x_i, \cdots, x_{i-1}/x_i, x_{i+1}/x_i, \cdots, x_{n+1}/x_i).$$

给定 i, j, $i \neq j$, 在 $U_i \cap U_j$ 上, $\varphi_j \circ \varphi_i^{-1}$ 满足

$$x_h/x_j = \frac{x_h/x_i}{x_j/x_i}, \quad h \neq i, j, \quad x_i/x_j = \frac{1}{x_j/x_i}.$$

这是一个光滑映射. 所以 $\{(U_i, \varphi_i)\}_{i=1,2,\cdots,n+1}$ 给出了 $\mathbb{R}P^n$ 上的一个光滑结构.

注 3.2 $\mathbb{R}P^n$ 也可以由如下两种方式给出:

(1) $\mathbb{R}P^n = \mathbb{R}^{n+1}$ 中全体 1 维线性子空间.

(2) $\mathbb{R}P^n = \mathbb{S}^n/\sim$, 这里球面 $\mathbb{S}^n$ 上两点 $x \sim y$ 当且仅当二者为对径点 (图 3.2).

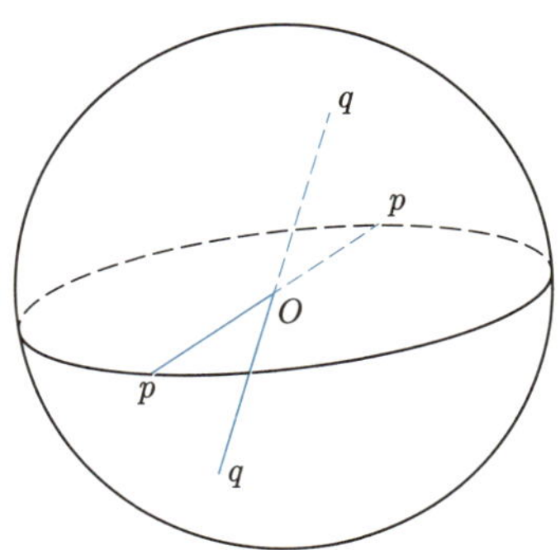

图 3.2 实射影空间

例 3.6(实 Grassmann (格拉斯曼) 流形 $Gr_{\mathbb{R}}(n, k)$) 设 $1 \leqslant k < n \in \mathbb{N}$. $Gr_{\mathbb{R}}(n, k) = \mathbb{R}^n$ 中全体 k 维线性子空间. $Gr_{\mathbb{R}}(n+1, 1) = \mathbb{R}P^n$.

例 3.7 (乘积流形)　令 $(M,\{(U_i,\varphi_i)\}_{i\in I}),(N,\{(V_j,\varphi_j)\}_{j\in J})$ 是两个微分流形, 分别为 m,n 维, 则在乘积空间 $M\times N$ 上有 C^∞ 图册

$$\{(U_i\times V_j,\ \varphi_i\times\psi_j)\}_{i\in I,j\in J}.$$

这给出了 $M\times N$ 上的一个光滑结构, 使得 $M\times N$ 成为一个 $m\times n$ 维微分流形, 称之为乘积流形.

注 3.3　一般而言, 一个基本的问题是在给定一个流形上, 是否容许有微分结构? 若有, 在等价的意义下有多少种? 目前所知, 所有 2, 3 维紧流形上存在唯一的微分结构. 但 4 维以上, 情形很不相同, 例如, 存在 4 维流形不容许存在微分结构, 又在 $\mathbb{R}^4$ 和 $\mathbb{S}^7$ 上存在不止一种微分结构.

3.1.2　光滑映射

现在我们考虑流形之间的映射.

定义 3.5 (光滑映射)　设 $(M,\{(U_i,\varphi_i)\}_{i\in I}),(N,\{(V_j,\psi_j)\}_{j\in J})$ 是两个微分流形, 分别为 m 维和 n 维. $F:M\to N$ 是一个映射, 称 F 是光滑的 (C^∞), 是指对任意坐标卡有

$$\psi_j\circ F\circ\varphi_i^{-1}:\varphi_i(U_i)\subseteq\mathbb{R}^m\to\psi_j(V_j)\subseteq\mathbb{R}^n$$

是光滑映射 (如下图所示).

$$\begin{array}{ccc} U_i & \xrightarrow{F} & V_j \\ \downarrow{\scriptstyle\varphi_i} & & \downarrow{\scriptstyle\psi_j} \\ \varphi_i(U_i) & \xrightarrow{\psi_j\circ F\circ\varphi_i^{-1}} & \psi_j(V_j) \end{array}$$

虽然定义中使用了一个微分结构, 但是事实上, 对与之等价的微分结构都成立. 这可以通过欧氏空间之间的光滑映射的复合仍旧是光滑映射得到.

光滑映射有两个重要的特例: (1) 如果 $N=\mathbb{R}$, 我们称光滑映射 $F:M\to\mathbb{R}$ 为光滑函数. (2) 如果 $M=(a,b)$ 为一个区间, 光滑映射 $\gamma:(a,b)\to N$ 是 N 上的光滑曲线.

在不引起混淆的情况下, 我们将略去微分流形记号 $(M,\{(U_i,\varphi_i)\}_{i\in I})$ 中的图册记号, 简记为 M. 也将采用如下简单的记号:

$C^\infty(M,N)=$ 全体从 M 到 N 的光滑映射,

$C^\infty(M)=$ 全体 M 上的光滑函数.

习题 3.2　(1) 设 $F:M\to N$ 和 $G:N\to K$ 是两个光滑映射, 证明 $G\circ F:M\to K$ 也是光滑的.

(2) 证明一个映射 $F: M \to N$ 是光滑的当且仅当对任意一个光滑函数 $f: N \to \mathbb{R}$, 复合映射 $f \circ F$ 是 M 上的光滑函数.

定义 3.6 (微分同胚) 如果 $F: M \to N$ 是 $1-1$ 的且 F, F^{-1} 均是光滑的, 我们称之为一个微分同胚映射, 此时称 M 和 N **微分同胚**. F 称为一个**局部微分同胚**, 是指对每一点 $x \in M$, 存在一个邻域 U 使得 $F|_U$ 是从 U 到 N 中的一个开集的微分同胚.

可以粗略地说, 在微分几何中, 一个中心的问题就是研究微分流形在微分同胚的意义下不变的性质, 特别是在微分同胚的意义下分类微分流形.

习题 3.3 考虑映射 $\pi: \mathbb{S}^n \to \mathbb{R}P^n$, $\pi(x) = [x]$. 证明它是局部微分同胚.

3.1.3 切空间

设 M 是一个 n 维微分流形.

定义 3.7 令 $x \in M$. x 处的一个**切向量** v 是全体曲线 $\gamma: I \to M$ 的一个等价类, 这里 I 是一个包含 0 的开区间, 且 $\gamma(0) = x$. 对于两条曲线 γ 和 σ, $\gamma \sim \sigma$ 当且仅当存在 x 附近的一个坐标卡 (U, φ), 使得

$$(\varphi \circ \gamma)'(0) = (\varphi \circ \sigma)'(0). \tag{3.1}$$

x 处的**切空间** T_xM 由全体 x 处的切向量所构成. **切丛**

$$TM = \bigcup_{x \in M} T_xM.$$

容易验证切向量的定义不依赖坐标卡的选择, 即对任何与 (U, φ) 相容的坐标卡, 这个曲线等价的定义是一致的.

还有一个不同的定义切向量的方式. 设 $x \in M$, 我们考虑方向导数: 给定一条光滑曲线 $\gamma: I \to M$, $\gamma(0) = x$, 那么沿着 γ 的方向导数是

$$v_\gamma(f) := \frac{\mathrm{d}}{\mathrm{d}t}(f \circ \gamma)\Big|_{t=0}. \tag{3.2}$$

则 v_γ 是一个从 $C^\infty(M)$ 到 $\mathbb{R}$ 的映射, 满足

$$v_\gamma(af + bg) = av_\gamma(f) + bv_\gamma(g), \quad \forall a, b \in \mathbb{R}, \quad \forall f, g \in C^\infty(M),$$

$$v_\gamma(f \cdot g) = f(x)v_\gamma(g) + g(x)v_\gamma(f),$$

即 v_γ 是实线性映射且满足 Leibniz 法则. 下面的命题说明这两种方式得到的切向量 v 本质是一致的.

命题 3.1 T_xM 同构于全体方向导数生成的线性空间.

证明 首先给定任意一个切向量 $[\gamma]$, 我们取沿着 γ 的方向导数为 v_γ, 这由 (3.2) 式所给出. 我们将证明: 若 $\sigma \sim \gamma$, 则对任意 $f \in C^\infty(M)$, $v_\sigma(f) = v_\gamma(f)$ 成立. 这意味着 $v_{[\gamma]}$ 是合理定义的. 令 (U, φ) 是一个包含 x 的坐标卡. 取任意 $f \in C^\infty(M)$ (因此属于 $C^\infty(U)$), 我们有

$$\begin{aligned}\frac{\mathrm{d}}{\mathrm{d}t}(f \circ \sigma)\Big|_{t=0} &= D_{\varphi(x)}\big(f \circ \varphi^{-1}\big)(\varphi \circ \sigma)'(0) \\ &= D_{\varphi(x)}\big(f \circ \varphi^{-1}\big)(\varphi \circ \gamma)'(0) \qquad\qquad (\sigma \sim \gamma) \\ &= \frac{\mathrm{d}}{\mathrm{d}t}(f \circ \gamma)\Big|_{t=0}.\end{aligned}$$

反之, 给定两条光滑曲线 γ, σ 使得 $\gamma(0) = \sigma(0) = x$. 我们将证明: 若对任意 $f \in C^\infty(M)$, $v_\sigma(f) = v_\gamma(f)$ 成立, 则 $\sigma \sim \gamma$. 因为对每一个函数 $f \in C^\infty(U)$, 存在一个函数 $\tilde{f} \in C^\infty(M)$, 使得在 x 的一个小邻域 $U' \subseteq U$ 上有 $\tilde{f} = f$, 所以我们可以假定对任意 $f \in C^\infty(U)$, $v_\sigma(f) = v_\gamma(f)$ 成立. 设在 $\varphi(U) \subseteq \mathbb{R}^n$ 上有坐标函数 x_i, $1 \leqslant i \leqslant n$. 则 $x_i \circ \varphi \in C^\infty(U)$. 将上式应用于这些函数, 我们有

$$\frac{\mathrm{d}}{\mathrm{d}t}(x_i \circ \varphi \circ \gamma)\Big|_{t=0} = \frac{\mathrm{d}}{\mathrm{d}t}(x_i \circ \varphi \circ \sigma)\Big|_{t=0}.$$

利用下面的引理, 我们得到 $(\varphi \circ \gamma)'(0) = (\varphi \circ \sigma)'(0)$, 也即 $\gamma \sim \sigma$. 证毕. □

引理 3.1 设 γ_1, γ_2 是 $\mathbb{R}^n$ 上的两条光滑曲线, $\gamma_1(0) = \gamma_2(0)$. 假设对每一个坐标 x_i 有 $(x_i \circ \gamma_1)'(0) = (x_i \circ \gamma_2)'(0)$, $1 \leqslant i \leqslant n$, 则

$$\gamma_1'(0) = \gamma_2'(0).$$

习题 3.4 证明这个引理.

给定 x 附近的一个坐标卡 (U, φ) 使得 $\varphi(x) = 0$. 那么

$$\varphi^{-1}(0, \cdots, 0, x_i, 0, \cdots, 0) : I \to M$$

是一条经过 x 的光滑曲线, 将它所代表的向量记为 $\partial_i|_x$.

习题 3.5 对任意 $x \in M$, 证明 T_xM 是一个 n 维线性空间, 更具体地,

$$T_xM = \operatorname{span}_{\mathbb{R}} \{\partial_i|_x\}.$$

设 $f : M \to N$ 是一个光滑映射.

定义 3.8 令 $x \in M$. f 在 x 处的**切映射**, 记为 $T_xf : T_xM \to T_{f(x)}N$ (或者 D_xf), 可用如下方式定义. 给定任何一个切向量 $v \in T_xM$, 选取一条曲线 $\gamma : I \to M$ 表示 v. 则 $f \circ \gamma : I \to N$ 是一条 N 上经过 $f(x)$ 的光滑曲线. $T_xf(v)$ 定义为由曲线 $f \circ \gamma$ 所代表的 $f(x)$ 处的切向量.

验证这个定义是合理定义的, 且 T_xf 是一个线性映射.

习题 3.6 验证切映射满足链式法则: 设 $f: M \to N$ 和 $g: N \to K$ 是两个光滑映射, $x \in M$, 则

$$T_x(g \circ f) = T_{f(x)}g \circ T_xf.$$

习题 3.7 设 (U, φ) 是点 x 附近的一个坐标卡, $\varphi(x) = 0$. 证明: 对每一个 $i = 1, 2, \cdots, n$, 有

$$T_0(\varphi^{-1})(e_i) = \partial_i|_x, \quad T_x\varphi(\partial_i|_x) = e_i,$$

其中, $\{e_i\}_{i=1,2,\cdots,n}$ 是 $\mathbb{R}^n$ 的幺正基.

定义 3.9 (嵌入子流形) 设 M, N 为两个微分流形. 若存在光滑映射 $\varphi: M \to N$ 使得对任意一点 $x \in M$, 切映射 $T_x\varphi: T_xM \to T_{\varphi(x)}N$ 都是非退化的, 则称 M 为 N 的**一个浸入子流形**, φ 称为一个**浸入映射**. 如果 φ 还是一个单射, 且 M 微分同胚于 $\varphi(M)$, 则称 M 为 N 的一个 **(嵌入) 子流形**, φ 称为一个**嵌入映射**.

例 3.8 恒等映射 $id: \mathbb{S}^n \to \mathbb{R}^{n+1}$ 是一个嵌入映射, $\mathbb{S}^n$ 是 $\mathbb{R}^{n+1}$ 的一个嵌入子流形.

H. Whitney (惠特尼) 证明了任意一个 n 维微分流形都能嵌入 $\mathbb{R}^{2n+1}$ 中作为一个子流形. 因此, 由定义 3.4 给出的微分流形和定义 3.1中的光滑流形是相同的. 从此往后, 我们不再区分这两个术语.

本节内容也请参考 [9] 和 [5]

3.2 向量场与积分曲线

我们首先回顾 $\mathbb{R}^n$ 的向量场. 设在一个开集 $O \subseteq \mathbb{R}^n$ 上有坐标系 $\{x_i\}_{i=1,2,\cdots,n}$. 一个光滑向量场是

$$X = (X_1, X_2, \cdots, X_n),$$

其中每个 X_i 是 O 上的一个光滑函数. 同时一个向量场 X 作用在一个光滑函数 f 上, 构成 f 关于 X 的方向导数:

$$Xf = \sum_{i=1}^{n} X_i \frac{\partial f}{\partial x_i}.$$

用这个记号, 形式上我们可以看到 X 在基 $\dfrac{\partial}{\partial x_i}$ 下的坐标为 $(X_1, X_2, \cdots, X_n)$, 即

$$X = \sum_{i=1}^{n} X_i \frac{\partial}{\partial x_i}.$$

$\left(\text{事实上, 对任意点 } p \in O, \text{ 曲线 } (-\varepsilon, \varepsilon) \ni t \mapsto p + te_i \text{ 所表示的向量即是 } \frac{\partial}{\partial x_i}(p).\right)$

另一方面, 向量场作用在函数上具有如下基本性质:

$$\begin{aligned} X(af+bg) &= aX(f) + bX(g), \\ X(f \cdot g) &= f \cdot X(g) + g \cdot X(f), \end{aligned} \tag{3.3}$$

对任意的 $a, b \in \mathbb{R}$ 和 $f, g \in C^{\infty}(O)$ 成立.

3.2.1　向量场

设 M 是一个 n 维光滑流形.

定义 3.10　一个 M 上的向量场是一个映射 $X: M \to TM$ 使得对任意 $x \in M$, $X_x \in T_xM$. 它在点 p 附近光滑指的是: 对 p 附近的任意一个坐标卡 (U_p, φ),

$$x \mapsto T_x\varphi(X_x), \quad x \in U_p,$$

是 $\varphi(U_p) \subseteq \mathbb{R}^n$ 上的光滑向量场. M 上的全体向量场记为 $\Gamma(TM)$(或 $C^{\infty}(TM)$).

虽然这里定义光滑性时要求对任意坐标卡成立, 事实上仅需对某一个坐标卡成立即可. 在一个局部坐标卡 (U, φ) 下, 我们记

$$\partial_i \overset{\text{def}}{=} (T\varphi^{-1})\left(\frac{\partial}{\partial x_i}\right).$$

令 $(T\varphi)(X) = \tilde{X}_i \dfrac{\partial}{\partial x_i}$ 和 $X_i = \tilde{X}_i \circ \varphi^{-1}$, 则

$$X = X_i \partial_i.$$

这里, 我们开始采用 Einstein 求和约定: 重复指标表示求和, 即

$$X_i \partial_i := \sum_{i=1}^{n} X_i \partial_i.$$

现在我们考虑切映射在局部坐标下的计算. 设 $f: M \to N$ 是一个光滑映射, $x \in M$, $(U, \varphi), (V, \psi)$ 分别是 x 和 $y = f(x)$ 附近的坐标卡, 使得 $\varphi(x) = 0, \psi(y) = 0$. $\varphi(U)$ 上的坐标记为 $\{x_i\}_{1 \leqslant i \leqslant m}$, $\psi(V)$ 上的坐标记为 $\{y_j\}_{1 \leqslant j \leqslant n}$. 则在 U 上有向量场 $\{\partial_i\}_i$, 在 V 上有向量场 $\{\delta_j := (T_0\psi^{-1})(\partial/\partial y_j)\}_j$. 因为 $T_xf: T_xM \to T_{f(x)}N$ 是一个线性映射, 令

$$T_xf(\partial_i) = a_{ij}\delta_j,$$

以下求出矩阵 $A := (a_{ij})_{m \times n}$ 即可. 由链式法则, 并记

$$\tilde{f} = (\tilde{f}_1, \tilde{f}_2, \cdots, \tilde{f}_n) := \psi \circ f \circ \varphi^{-1} : \varphi(U) \subseteq \mathbb{R}^m \to \psi(V) \subseteq \mathbb{R}^n,$$

我们有

$$T_0\tilde{f} = \left(\frac{\partial \tilde{f}_j}{\partial x_i}\right)_{m\times n} = T_{f(x)}\psi \circ T_x f \circ T_0(\varphi^{-1}).$$

由

$$T_0\tilde{f}\left(\frac{\partial}{\partial x_i}\right) = \left(\frac{\partial \tilde{f}_j}{\partial x_i}\right)_{m\times n}\left(\frac{\partial}{\partial y_j}\right)$$

和 $\partial_i = (T_0\varphi^{-1})\left(\frac{\partial}{\partial x_i}\right)$, $T_{f(x)}\psi(\delta_j) = \frac{\partial}{\partial y_j}$, 可以得到,

$$A = \left(\frac{\partial \tilde{f}_j}{\partial x_i}\right)_{m\times n}.$$

为了简化记号, 我们记之为 $A := (\partial_i f_j)_{m\times n}$.

对任意 $f \in C^\infty(M)$, 定义函数 Xf

$$(Xf)(x) = X_x(f) = (f\circ\gamma)'\Big|_{t=0},$$

这里曲线 $\gamma(t): I \to M$, $\gamma(0) = x$, 表示向量 $X(x)$. 它有和欧氏空间类似的性质.

命题 3.2 设 X 是 M 上的光滑向量场, 则映射 $X: C^\infty(M) \to C^\infty(M)$ 满足 (3.3) 式对任意 $a, b \in \mathbb{R}$ 和任意 $f, g \in C^\infty(M)$ 成立.

习题 3.8 (1) 证明: M 上的一个向量场 X 是光滑的当且仅当 $Xf \in C^\infty(M)$ 对任意 $f \in C^\infty(M)$ 成立.

(2) 证明如上命题 3.2 的逆: 若一个映射 $X: C^\infty(M) \to C^\infty(M)$, 满足 (3.3) 式对任意 $a, b \in \mathbb{R}$ 和任意 $f, g \in C^\infty(M)$ 成立, 则它表示一个光滑向量场.

3.2.2 积分曲线

我们考虑向量场对应的积分曲线. 首先, 设 $\gamma(t): I \to M$ 为一条光滑曲线. 对任意一点 $t_0 \in I$, 我们定义

$$\gamma'(t_0) \overset{\text{def}}{=} [\gamma(t - t_0)] \in T_{\gamma(t_0)}M.$$

即是曲线 $\tilde{\gamma}(t) := \gamma(t - t_0)$ 所表示的在 $\tilde{\gamma}(0)$ 处的向量.

当 M 是欧氏空间 $\mathbb{R}^n$ 的一个开集时, $\gamma(t) = (x_1(t), x_2(t), \cdots, x_n(t))$,

$$\gamma'(t_0) = (x_1'(t_0), x_2'(t_0), \cdots, x_n'(t_0)).$$

定义 3.11 设 X 是 M 上的一个光滑向量场. I 是一个区间且 $0 \in I$. 对任意点 $x \in M$, 如果一条光滑曲线 $\gamma_x: I \to M$ 满足 $\gamma_x(0) = x$ 和

$$\gamma_x'(t) = X(\gamma_x(t)), \quad \forall t \in I,$$

则被称为 X 的一条 (以 x 为初值的) **积分曲线**.

命题 3.3 设 X 是 M 的一个光滑向量场. 对任意 $x \in M$, 存在 x 的一个小邻域 U_x 和一个区间 $I_x, 0 \in I_x$, 使得对每一个点 $y \in U_x$, 都存在唯一一条以 y 为初值的积分曲线 $\gamma_y : I_x \to U_x$. 而且映射

$$U_x \times I_x \ni (y, t) \mapsto \gamma_y(t) \in M$$

是光滑的, 称之为 X 的 **(局部) 积分流**.

证明 设 (U, φ) 是 x 附近的一个坐标卡, $\varphi(x) = 0$. 所以 $T\varphi(X)$ 是 $\varphi(U)$ 上的向量场. 令 U_x 是 x 的一个小邻域使得 $\overline{U_x} \subset U$. 从常微分方程解的存在唯一性定理可知, 存在一个区间 I_x 使得对任意一点 $\bar{y} \in \varphi(U_x)$, 我们可解得 $\boldsymbol{x}(t) = \{x_i(t)\}_{i=1,2,\cdots,n}$ 使得 $\boldsymbol{x}(0) = \bar{y}$ 和

$$\boldsymbol{x}'(t) = T_{\boldsymbol{x}(t)}\varphi(X). \tag{3.4}$$

则曲线 $\varphi^{-1}(\boldsymbol{x}(t))$ 即为所求. 最后, 由于常微分方程关于初值的光滑依赖性, 我们知道 $\varphi(U_x) \times I_x \ni (\bar{y}, t) \mapsto \boldsymbol{x}$ 是光滑的, 从而 $\varphi^{-1}(\boldsymbol{x})(t)$ 在 $U_x \times I_x$ 上是光滑的. □

以上给出的是局部定义的积分流. 一个基本的问题是能不能得到整体的积分流, 即其定义区间为整个实数轴 $\mathbb{R}$.

定理 3.2 设 X 是一个具有紧致支撑的光滑向量场, 即 $\operatorname{supp}(X) = \overline{\{x \in M \mid X(x) \neq 0\}}$ 在 M 中是紧致的. 则存在唯一的 $F : M \times \mathbb{R} \to M$ 使得

$$\partial_t F(x, t) = X_{F(x,t)}, \quad F(x, 0) = x.$$

映射族 $\{F_t\}_{t \in \mathbb{R}}, F_t(x) = F(x, t) : M \to M$ 是一组微分同胚, 且满足群性质

$$F_{t+s} = F_t \circ F_s, \quad F_0 = id.$$

特别地, 在一个紧致流形上, 光滑向量场总有一个整体积分流.

证明 对任意一点 $x \in M$, 令 U_x, I_x 是命题 3.3 所给出的局部积分流的定义域和存在区间. 因为 X 是具有紧致支撑的, 我们可以假定 x 被有限个 $U_{x_i}, 1 \leqslant i \leqslant N$ 所覆盖, 令

$$I := \bigcap_{1 \leqslant i \leqslant N} I_{x_i}.$$

当 $U_{x_i} \cap U_{x_j} \neq \varnothing$ 时, 设 $y \in U_{x_i} \cap U_{x_j}$, 由关于 y 为初值的局部积分流的唯一性, 我们知道从 U_{x_i} 和 U_{x_j} 分别得到的局部积分流是一致的, 从而形成在 $M \times I$ 上的积分流. 再由常微分方程解的延拓性质, 我们得到整体积分流, 即定义在 $M \times \mathbb{R}$ 上.

半群性质 $F_{t+s} = F_t \circ F_s$ 是显然的, 又由于 $F_t^{-1} = F_{-t}$, 可知每一个 F_t 是微分同胚. □

习题 3.9 设 F_t 是由 X 生成的 U 上的局部积分流, 证明: 对任意 $x \in U, t > 0$, $T_x F_t$ 是非奇异的, 且 $(T_x F_t)^{-1} = T_{F_t(x)} F_{-t}$.

3.3 李导数

设 M 是一个微分流形.

3.3.1 李括号

定义 3.12 (李括号 (S. Lie)) 设 X, Y 是 M 上的两个光滑向量场. 它们的李括号 $[X, Y]$ 是一个光滑向量场, 按如下方式作用在光滑函数上:

$$[X,Y](f) := XYf - YXf, \quad \forall\, f \in C^\infty(M).$$

首先, 容易验证这个定义的 $[X,Y]$ 是实线性的. 为了说明 $[X,Y]$ 是一个向量场, 我们还需要验证它满足 Leibniz 法则:

$$\begin{aligned}
[X,Y](fg) &= X(Y(fg)) - Y(X(fg)) \\
&= X\big(fY(g) + gY(f)\big) - Y\big(fX(g) + gX(f)\big) \\
&= Xf \cdot Yg + fX(Y(g)) + Xg \cdot Yf + gX(Y(f)) - \\
&\quad\ Yf \cdot Xg - fY(X(g)) - Yg \cdot Xf - gY(X(f)) \\
&= f([X,Y](g)) + g([X,Y](f)).
\end{aligned}$$

这得到 $[X,Y]$ 是向量场.

如下我们考虑它的局部计算. 在局部坐标 (U,φ) 下, 我们有

$$\begin{aligned}
[\partial_i, \partial_j](f) &= \partial_i(\partial_j f) - \partial_j(\partial_i f) \\
&= \frac{\partial}{\partial x_i}\left(\frac{\partial(f\circ\varphi^{-1})}{\partial x_j}\right) - \frac{\partial}{\partial x_j}\left(\frac{\partial(f\circ\varphi^{-1})}{\partial x_i}\right) = 0.
\end{aligned}$$

设 $X = X_i\partial_i, Y = Y_j\partial_j$, 可得

$$\begin{aligned}
[X,Y](f) &= X_i\partial_i(Y_j\partial_j f) - Y_j\partial_j(X_i\partial_i f) \\
&= X_i\partial_i Y_j \cdot \partial_j f - Y_j\partial_j X_i \cdot \partial_i f \\
&= (X_j\partial_j Y_i - Y_j\partial_j X_i)\partial_i f.
\end{aligned}$$

因此,

$$[X,Y] = (X_j\partial_j Y_i - Y_j\partial_j X_i)\partial_i.$$

李括号又称李导数, 记为 $L_X Y$, 因为它衡量了向量场 Y 的沿着 X 的变化率, 具体的是如下性质.

命题 3.4 设 $X, Y \in \Gamma(TM)$, F_t 是 X 生成的局部积分流, 定义在区域 U 上. 则对任意 $x \in U$, 我们有

$$[X,Y]_x = \frac{\mathrm{d}}{\mathrm{d}t}\left((T_xF_t)^{-1}Y_{F_t(x)}\right)\Big|_{t=0}. \tag{3.5}$$

这说明, 首先用 F_t 将 x 流到 $F_t(x)$, 然后考虑 Y 在 $F_t(x)$ 处的向量 $Y_{F_t(x)}$. 注意到 $T_xF_t : T_xM \to T_{F_t(x)}M$ 是非奇异的, 因此有逆 $(T_xF_t)^{-1}$, 它将 $Y_{F_t(x)}$ 拖到 T_xM 上. 这样一来, 随着 t 变化, 就形成了 T_xM 上的一族向量, 李括号就是这一族向量在 $t=0$ 的变化率.

证明 设 (U,φ) 是一个包含 x 的坐标卡, 令 $X = X_i\partial_i, Y = Y_i\partial_i$. 注意到

$$\left((T_xF_t)^{-1}Y\right)_j = \left[(T_{F_t(x)}F_{-t})(Y)\right]_j,$$

这里 $Y := Y_{F_t(x)}$ 和 $Y_i = (Y_{F_t(x)})_i$. 两边对 t 求导可得

$$\begin{aligned}\frac{\mathrm{d}}{\mathrm{d}t}\left((T_xF_t)^{-1}Y\right)_j = \frac{\mathrm{d}}{\mathrm{d}t}\left[(T_{F_t(x)}F_{-t})(Y)\right]_j &= \frac{\mathrm{d}}{\mathrm{d}t}(Y_i\partial_i(F_{-t})_j)\\ &= \partial_t(Y_i)\partial_i(F_{-t})_j + Y_i\partial_t(\partial_i(F_{-t})_j)\\ &= \partial_k(Y_i)(\partial_tF_t)_k\partial_i(F_{-t})_j + Y_i(\partial_i(\partial_tF_{-t})_j).\end{aligned}$$

用 $(\partial_tF_t)_j = X_j$ 和 $\lim\limits_{t\to0} T_{F_t(x)}F_{-t} = id$, 也即

$$\lim_{t\to0}\partial_i(F_{-t})_j = \delta_{ij} = \begin{cases} 1, & i=j,\\ 0, & i\neq j,\end{cases}$$

我们得到

$$\begin{aligned}\frac{\mathrm{d}}{\mathrm{d}t}\left((T_xF_t)^{-1}Y\right)_j\Big|_{t=0} &= \partial_kY_iX_k\delta_{ij} - Y_i\partial_iX_j\\ &= [X,Y]_j.\end{aligned}$$

此即所求. □

李括号满足如下 Jacobi 恒等式: 设 $X, Y, Z \in \Gamma(TM)$, 有

$$[X,[Y,Z]] + [Y,[Z,X]] + [Z,[X,Y]] = 0.$$

事实上, 对任意 $f \in C^\infty(M)$ 有

$$\begin{aligned}[X,[Y,Z]](f) &= X([Y,Z]f) - [Y,Z](Xf)\\ &= XYZf - XZYf - YZXf + ZYXf.\end{aligned}$$

另外两项 $[Y,[Z,X]](f), [Z,[X,Y]](f)$ 是类似的, 三项求和, 即得所求.

习题 3.10 设 $F: M\to N$ 是一个光滑映射, TF 为其切映射, X,Y 是 M 上的两个光滑向量场. 证明: 对任意 $x\in M$, 有

$$[TF(X),TF(Y)]_{F(x)}=T_xF([X,Y]_x).$$

即切映射和李括号 (李导数) 运算可以交换次序.

特别的, 将之应用于局部坐标卡, 可得 $[\partial_i,\partial_j]=0$.

3.3.2 分布和可积性

李导数的一个重要应用是向量场的可积性问题. 我们考虑一个光滑映射 $f:\mathbb{R}^k\to M$, $\mathbb{R}^k$ 中的坐标向量场 $\left(\dfrac{\partial}{\partial x_i}\right)$. 则切映射 Tf 将之映为 M 上的 k 个向量场. 现在问: 反之, 我们给定 M 上的 k 个向量场

$$X_1,X_2,\cdots,X_k,$$

可否找到一个映射 $f: D\subseteq\mathbb{R}^k\to M$, 使得它的切映射 Tf 恰好将 D 中的坐标向量场映为 $X_1,X_2,\cdots,X_k$? 这里 D 是一个开集.

如果 $k=1$, 即对一个向量场 X, 寻找一个 $\gamma: I\subseteq\mathbb{R}\to M$ 使得 $\gamma'(t)=X_{\gamma(t)}$. 这事实上就是前面向量场的积分曲线存在性问题.

注 3.4 在讨论这个问题之前, 我们先做个简单的评估, 为什么需要处理这个问题. 我们考虑简单的情形 $k=2$, $M=\mathbb{R}^3$. 给定 $\mathbb{R}^3$ 中两个向量场 X_1,X_2, 我们先假定有如此一个映射 $f: D\subseteq\mathbb{R}^2\to\mathbb{R}^3$. 那么 f 的像, 记为 S, 形成 $\mathbb{R}^3$ 中的一个曲面, 并且对任意 $(u,v)\in D$, 有

$$D_{(u,v)}f\left(\frac{\partial}{\partial u}\right)=X_1,\quad D_{(u,v)}f\left(\frac{\partial}{\partial v}\right)=X_2,$$

也即曲面 S 的切空间的基. 换句话说, X_1,X_2 将是 $\mathbb{R}^3$ 中曲面 S 的切向量, 且 f 是曲面 S 的参数表示.

对于一般的 k 和微分流形 M, 对任意一点 $x\in M$, 向量 $X_1(x),X_2(x),\cdots,X_k(x)\in T_xM$ 张成一个子空间

$$\mathcal{D}_x:=\mathrm{span}_{\mathbb{R}}\{X_1(x),X_2(x),\cdots,X_k(x)\}.$$

以上问题可以表达成: 对每一点 $x\in M$, 给定了 T_xM 的一个 k 维子空间 $\mathcal{D}_x$, 去寻找一个子流形, 使得切空间恰好处处是 $\mathcal{D}_x$.

定义 3.13 设 $0\leqslant k\leqslant n$, M 上的一个 k 维**分布** $\mathcal{D}$ 是指在任意一点 $x\in M$ 处, 指定一个 T_xM 的 k 维子空间 $\mathcal{D}_x$. 如果以下条件被满足, 则称 $\mathcal{D}$ 为光滑的: 对每一点

$x \in M$, 存在一个邻域 U_x 和 k 个处处线性无关的光滑向量场 $X_1, X_2, \cdots, X_k$ 使得对任意 $y \in U_x$, $\mathcal{D}_y$ 由 $X_1, X_2, \cdots, X_k$ 张成.

我们记 $\Gamma(\mathcal{D})$ 为全体光滑向量场 X 满足 $X_x \in \mathcal{D}_x$ 对任意 $x \in M$ 成立.

定理 3.3 (Frobenius) 设 $\mathcal{D}$ 为一个 k 维分布, 存在一个子流形 $L \subseteq M$ 使得 $T_xL = \mathcal{D}_x$ (对每一点 $x \in L$) 的充分必要条件是 $\Gamma(\mathcal{D})$ 关于李括号运算是封闭的, 即任意向量场 $X, Y \in \Gamma(\mathcal{D})$, 满足 $[X, Y] \in \Gamma(\mathcal{D})$. 在这种情况下称此分布为可积的.

这个定理的证明超出了我们的课程范围, 请参阅 [9].

3.4 外微分和 Stokes 定理

3.4.1 向量空间中的张量积和外积

我们从一些线性代数知识开始. 设 V 是一个线性空间. 全体的线性函数 $\varphi : V \to \mathbb{R}$ 形成一个线性空间, 称为 V 的对偶空间, 记为 V^*.

定义 3.14 设 k 个线性函数 $\varphi_i \in V^*$, $1 \leqslant i \leqslant k$.

(1) 它们的**张量积**, 记为 $\varphi_1 \otimes \varphi_2 \otimes \cdots \otimes \varphi_k$, 定义为一个从 $V \times V \times \cdots \times V$ 到 $\mathbb{R}$ 的映射

$$\varphi_1 \otimes \varphi_2 \otimes \cdots \otimes \varphi_k(v_1, v_2, \cdots, v_k) := \varphi_1(v_1) \cdot \varphi_2(v_2) \cdot \cdots \cdot \varphi_k(v_k),$$

对任意 $v_j \in V$ 成立, $1 \leqslant j \leqslant k$.

(2) 它们的**外积**, 记为 $\varphi_1 \wedge \varphi_2 \wedge \cdots \wedge \varphi_k$, 定义为一个从 $V \times V \times \cdots \times V$ 到 $\mathbb{R}$ 的映射

$$\varphi_1 \wedge \varphi_2 \wedge \cdots \wedge \varphi_k(v_1, v_2, \cdots, v_k) := \det\left(\varphi_i(v_j)\right)_{k \times k},$$

对任意 $v_j \in V$ 成立, $1 \leqslant j \leqslant k$.

我们可以自然地赋予全体的如此映射一个加法和数乘运算:

$$\varphi_1 \otimes \varphi_2 \otimes \cdots \otimes \varphi_k + \psi_1 \otimes \psi_2 \otimes \cdots \otimes \psi_k,$$

$$a \cdot \varphi_1 \otimes \varphi_2 \otimes \cdots \otimes \varphi_k, \quad \forall a \in \mathbb{R},$$

从而形成一个线性空间, 分别记为 $\otimes^k V^* = V^* \otimes \cdots \otimes V^*$ (共 k 个). 类似地, 有 $\wedge^k V^*$. $\otimes^k V^*$ 中的元素称为 k–**阶张量**, $\wedge^k V^*$ 中的元素称为k–**形式**.

习题 3.11 设 V 是 n 维线性空间, 计算 $\otimes^k V^*$ 与 $\wedge^k V^*$ 的维数.

注 3.5 张量积也可以定义在不同的线性空间上, 即 $V_1, V_2, \cdots, V_k$ 为 k 个线性空间, $\varphi_i \in V_i^*$, $1 \leqslant i \leqslant k$,

$$\varphi_1 \otimes \varphi_2 \otimes \cdots \otimes \varphi_k(v_1, v_2, \cdots, v_k) := \varphi_1(v_1) \cdot \varphi_2(v_2) \cdot \cdots \cdot \varphi_k(v_k).$$

由所有如此的 $\varphi_1 \otimes \varphi_2 \otimes \cdots \otimes \varphi_k$ 张成的线性空间记为 $V_1^* \otimes V_2^* \otimes \cdots \otimes V_k^*$.

注 3.6 考虑对偶运算为一个双线性函数 $\langle \cdot, \cdot \rangle : V \times V^* \to \mathbb{R}$, 定义为

$$\langle v, \varphi \rangle := \varphi(v), \qquad \forall v \in V,\ \varphi \in V^*.$$

因此, 对每一个固定的 $v \in V$, $\varphi \mapsto \langle v, \varphi \rangle$ 是一个 V^* 上的线性函数. 如此考虑, 我们可以理解, 对任意两个向量 $v_1, v_2 \in V$, $v_1 \otimes v_2$ 是从 $V^* \times V^*$ 到 $\mathbb{R}$ 的双线性函数:

$$v_1 \otimes v_2(\varphi_1, \varphi_2) = \langle v_1, \varphi_1 \rangle \cdot \langle v_2, \varphi_2 \rangle, \qquad \varphi_1, \varphi_2 \in V^*.$$

$V \otimes V$ 是全体由 $v_1 \otimes v_2$ 张成的线性空间.

3.4.2 微分形式和张量场

现在回到几何中来. 设 M 是一个 m 维光滑流形, 点 $x \in M$.

$$T_x^{(r,s)}M := T_xM \otimes \cdots \otimes T_xM \otimes T_x^*M \otimes \cdots \otimes T_x^*M$$

中的元素称为(r,s)–**型张量**, 其中 T_xM, $T_x^*M := (T_xM)^*$ 分别有 r, s 个.

定义 3.15 (1) T_x^*M 的元素称为 x 处的**余切向量**. 一个余切向量场是在每一点 x 处指定一个余切向量. 一个余切向量场 ω 是光滑的, 是指对任意的光滑向量场 X, 映射

$$x \mapsto \omega_x(X_x)$$

是一个光滑函数. 全体的光滑余切向量场记为 $\Gamma(T^*M)$.

(2) 一个k–**微分形式** ω, 是指在每一点 x 处指定 T_xM 上的一个 k–形式, 并且对任意 k 个光滑向量场 $X_1, X_2, \cdots, X_k$, 映射

$$x \mapsto \omega_x(X_1(x), X_2(x), \cdots, X_k(x))$$

是一个光滑函数. 全体的 k–微分形式记为 $\Omega^k(M)$. 从定义知道 $\Omega^1(M) = \Gamma(T^*M)$. 为方便起见, 我们也令 $\Omega^0(M) = C^\infty(M)$.

(3) 一个(r,s)–**型张量场** T, 是指在每一点 x 处指定一个 (r,s)–型张量 $T_x \in T_x^{(r,s)}M$. 一个 (r,s)–型张量场 T 是光滑的, 是指对任意 r 个光滑余切向量场 $\omega_1,\omega_2,\cdots,\omega_r$ 和 s 个切向量场 $X_1,X_2,\cdots,X_s$, 映射

$$x \mapsto T_x(\omega_1(x),\omega_2(x),\cdots,\omega_r(x),X_1(x),X_2(x),\cdots,X_s(x))$$

是一个光滑函数. 特别地, 一个 k–微分形式是一个 $(0,k)$–型张量场.

注 3.7 一种粗略的理解方式: 一个光滑 (r,s)–型张量 T 是一个映射

$$T(\omega_1,\omega_2,\cdots,\omega_r,X_1,X_2,\cdots,X_s) \in C^\infty(M),$$

输入 s 个向量场 $X_1,X_2,\cdots,X_s$, 和 r 个余切向量场 $\omega_1,\omega_2,\cdots,\omega_r$, 输出一个光滑函数.

对一个函数 $f \in C^\infty(M)$, 它的微分定义如下: 对任意一点 $x \in M$,

$$\mathrm{d}_x f(X_x) = (Xf)(x) = \left.\frac{\mathrm{d}}{\mathrm{d}t}\right|_{t=0^+} f\circ\gamma(t),$$

其中 $\gamma(t)$ 是一条表示 X_x 的光滑曲线. 请验证: 映射 $x \mapsto \mathrm{d}_x f(X_x)$ 是一个光滑函数.

3.4.3 外微分

下面我们开始考虑张量微分 (求导) 的问题. 我们先考虑对 k–微分形式求导, 然后考虑对一般的张量. 设 M 是一个 m 维微分流形, 它的全体光滑向量场为 $\Gamma(TM)$, 全体光滑余切向量场为 $\Gamma(T^*M)$, 全体 k–微分形式为 $\Omega^k(M)$.

定理 3.4 存在唯一的线性映射 $\mathrm{d}: \Omega^k(M) \to \Omega^{k+1}(M)$ 使得:

(1) 若 $f \in \Omega^0(M) = C^\infty(M)$, 则 $\mathrm{d}f$ 是 f 的微分;

(2) 若 $f \in \Omega^0(M) = C^\infty(M)$, 则 $\mathrm{d}(\mathrm{d}f) = 0$;

(3) 对任意 $\omega_1,\omega_2 \in \Omega^k(M)$, $\mathrm{d}(\omega_1+\omega_2) = \mathrm{d}\omega_1 + \mathrm{d}\omega_2$;

(4) 若 $\omega \in \Omega^k(M)$ 和 $\eta \in \Omega^l(M)$, 则

$$\mathrm{d}(\omega\wedge\eta) = \mathrm{d}\omega\wedge\eta + (-1)^k\omega\wedge\mathrm{d}\eta.$$

特别地, 若 $f \in \Omega^0(M)$ 和 $\eta \in \Omega^l(M)$, 则 $\mathrm{d}(f\eta) = \mathrm{d}f\wedge\eta + f\mathrm{d}\eta$.

如此的线性映射 d 被称为**外微分**.

我们描述这一定理存在性部分的证明思路: 首先考虑欧氏空间, 用标准的坐标系并对 k 做数学归纳法, 可以在欧氏空间上证明 d 的存在性. 然后在微分流形上, 考虑一个坐标图册 (U_i,φ_i), 在每一个坐标卡 (U_i,φ_i) 上, 通过欧氏空间的微分形式和微分同胚 φ_i, 给出定义在坐标邻域 U_i 上的微分形式. 最后, 我们利用一个重要的工具: 单位分解,

将之“拼接”成整体定义的算子. 详细的论证可以参看 [9]. 单位分解是一个基本的工具, 也应用于许多别的问题, 我们将在下一个子节单独介绍.

我们看 d 的一些基本性质.

命题 3.5 (局部性) 设 $\omega_1, \omega_2 \in \Omega^k(M)$, $U \subseteq M$ 为一开集. 若在 U 上 $\omega_1 = \omega_2$, 则在 U 上有 $\mathrm{d}\omega_1 = \mathrm{d}\omega_2$.

证明 任取一个光滑函数 f 使得 $\mathrm{supp}(f) \subseteq U$, 这里

$$\mathrm{supp}(f) = \overline{\{x \in M |\ f(x) \neq 0\}}.$$

则有 $f(\omega_1 - \omega_2) = 0$, 求外微分可得

$$0 = \mathrm{d}f \wedge (\omega_1 - \omega_2) + f\mathrm{d}(\omega_1 - \omega_2).$$

因为在 $\mathrm{supp}(f)$ 之外 $\mathrm{d}f = 0$ 且在 U 上 $\omega_1 - \omega_2 = 0$, 我们得到

$$f\mathrm{d}(\omega_1 - \omega_2) = 0.$$

f 的任意性蕴含着在 U 上有 $\mathrm{d}(\omega_1 - \omega_2) = 0$. 最后注意到 d 是线性的, 我们证明了在 U 上 $\mathrm{d}\omega_1 = \mathrm{d}\omega_2$. □

这个局部性是一个关键的性质, 因为有了它, 我们才可以把相关的计算分解在每一个坐标卡中, 利用欧氏空间的微积分进行计算. 我们简单地以函数为例, 设 $f \in \Omega^0(M)$, 计算 $\mathrm{d}f$. 任意一点 $p \in M$, 设一个坐标卡 (U, φ) 包含 p. 设 $(x_1, x_2, \cdots, x_m)$ 是 $\mathbb{R}^m$ 上的坐标, 记 $\varphi(p) = \bar{p} = (p_1, p_2, \cdots, p_m)$. 我们回忆在 T_pM 上有一个基

$$\partial_i := (T_{\bar{p}}\varphi^{-1})\left(\frac{\partial}{\partial x_i}\right), \quad i = 1, 2, \cdots, m.$$

也即由曲线

$$\gamma_i(t) := \varphi^{-1}(p_1, \cdots, p_i + t, \cdots, p_m)$$

所给出的切向量. 根据微分的定义, 我们有

$$\begin{aligned}\mathrm{d}_pf(\partial_i) &= \left.\frac{\mathrm{d}}{\mathrm{d}t}\right|_{t=0^+} f \circ \gamma_i(t) \\ &= \left.\frac{\mathrm{d}}{\mathrm{d}t}\right|_{t=0^+} f \circ \varphi^{-1}(p_1, \cdots, p_i + t, \cdots, p_m) = \frac{\partial(f \circ \varphi^{-1})}{\partial x_i}(\bar{p}).\end{aligned}$$

特别地, 考虑**坐标函数** x_i (即 $x_i(q)$ 等于 $\varphi(q)$ 的第 i 个分量), 则有

$$\mathrm{d}x_i(\partial_j) = \delta_{ij}.$$

因此, $\{\mathrm{d}x_j\}(1 \leqslant j \leqslant m)$ 形成 T_p^*M 的一组基, 与 $\{\partial_i\}$ 对偶. 应用这组基, 我们有

$$\mathrm{d}_pf = a_i\mathrm{d}x_i, \quad a_i(p) = \frac{\partial(f \circ \varphi^{-1})}{\partial x_i}(\bar{p}).$$

习题 3.12 设 (U,φ) 是一个包含 p 的坐标卡. 对应坐标函数为 $\{x_i\}$. 证明: $\Omega^k(M)$ 在 U 上有基

$$\mathrm{d}x_I = \mathrm{d}x_{i_1} \wedge \mathrm{d}x_{i_2} \wedge \cdots \wedge \mathrm{d}x_{i_k},$$

这里 $I = \{i_1, i_2, \cdots, i_k\}$ 是所有满足如下条件的 $\{1,2,\cdots,m\}$ 的子集: $\#I = k$ 且 $i_1 < i_2 < \cdots < i_k$. 从而一个 $\omega \in \Omega^k(M)$, 在 U 上可以表示成

$$\omega = \sum_I a_I \mathrm{d}x_I,$$

这里 I 取遍如上的子集.

命题 3.6 $\mathrm{d}^2 = 0$, 即对任意 $\omega \in \Omega^k(M)$, 我们有 $\mathrm{d}(\mathrm{d}\omega) = 0$.

证明 $k=0$ 时已知结论成立, 我们考虑 $k \geqslant 1$. 因为 d 是线性的, 而且是局部的, 我们只需要考虑 ω 在坐标邻域 U 中是单项式的情况即可. 令

$$\omega = a\mathrm{d}x_1 \wedge \mathrm{d}x_2 \wedge \cdots \wedge \mathrm{d}x_k, \quad a \in C^\infty(U).$$

故 (用 $\mathrm{d}(\mathrm{d}x_i) = 0$)

$$\mathrm{d}\omega = \mathrm{d}a \wedge \mathrm{d}x_1 \wedge \cdots \wedge \mathrm{d}x_k.$$

再外微分一次,

$$\mathrm{d}(\mathrm{d}\omega) = \mathrm{d}(\mathrm{d}a) \wedge \mathrm{d}x_1 \wedge \cdots \wedge \mathrm{d}x_k - a \wedge \mathrm{d}(\mathrm{d}x_1) \wedge \cdots \wedge \mathrm{d}x_k + \cdots = 0.$$ □

定理 3.5 设 $\omega \in \Omega^1$, X, Y 是两个光滑向量场, 则

$$\mathrm{d}\omega(X,Y) = X(\omega(Y)) - Y(\omega(X)) - \omega([X,Y]).$$

证明 因为所求方程两边都是线性的, 不妨设 ω 是单项式:

$$\omega = g\mathrm{d}f, \quad \mathrm{d}\omega = \mathrm{d}g \wedge \mathrm{d}f.$$

根据外积的定义, 我们有

$$\mathrm{d}\omega(X,Y) = \mathrm{d}g \wedge \mathrm{d}f(X,Y) = \det \begin{pmatrix} \mathrm{d}g(X) & \mathrm{d}g(Y) \\ \mathrm{d}f(X) & \mathrm{d}f(Y) \end{pmatrix}.$$

另一方面,

$$Y(\omega(X)) = Y(g \cdot \mathrm{d}f(X)) = Y(g \cdot Xf) = Yg \cdot Xf + gY(Xf),$$

$$X(\omega(Y)) = Xg \cdot Yf + gX(Yf),$$

$$\omega([X,Y]) = g\mathrm{d}f([X,Y]) = g([X,Y]f) = g(X(Yf) - Y(Xf)).$$

整理方程右边, 可以得到期待的等式. □

习题 3.13 根据如上方法, 导出 k–微分形式的外微分. 设 ω 是一个 k–微分形式, $k \geqslant 1$, $X_1, X_2, \cdots, X_{k+1}$ 是 $k+1$ 个光滑向量场. 则有

$$\mathrm{d}\omega(X_1, X_2, \cdots, X_{k+1}) = \sum_{i=1}^{k+1}(-1)^{i+1}X_i(\omega(X_1, X_2, \cdots, \hat{X}_i, \cdots, X_{k+1})) + \sum_{1\leqslant i<j\leqslant k+1}(-1)^{i+j}\omega([X_i, X_j], X_1, \cdots, \hat{X}_i, \cdots, \hat{X}_j, \cdots, X_{k+1}),$$

这里 $(X_1, \cdots, \hat{X}_i, \cdots, X_{k+1})$ 是指 $(X_1, X_2, \cdots, X_{k+1})$ 去掉 X_i.

注 3.8 以上习题中的公式, 也可以直接用于定义 d. 根据这个公式, 也可以给出定理 3.4 的存在性部分的一个直接证明.

3.4.4 单位分解

我们单独介绍一个重要工具: 单位分解.

定理 3.6 (单位分解) 设 $\{U_\alpha\}_{\alpha\in\mathbb{N}}$ 是 M 的一组开覆盖, 使得对每一个有界集合 $K \subseteq M$, 和 K 相交的 U_α 只有有限个. 则存在一族光滑函数 $g_\alpha \in C^\infty(M)$ 使得

(1) 对每一个 α, $0 \leqslant g_\alpha \leqslant 1$, $\operatorname{supp}(g_\alpha) \subseteq U_\alpha$;

(2) $\sum\limits_{\alpha} g_\alpha(x) = 1,\ \forall x \in M$.

如此一族 $\{g_\alpha\}$ 称为 $\{U_\alpha\}$ 的一族**单位分解**.

注意到对每一点 $x \in M$, 它仅仅属于有限个 U_α, 因此以上 (2) 中的求和, 仅有有限个项非零. 这个定理的证明请参看 [9], 我们不在这里给出了.

从这一定理的表达上就可以看出, 它常常应用于从局部性质“拼接”出整体性质.

3.4.5 流形的定向

设 M 是一个 m 维微分流形, ω 是一个 m–微分形式. 我们介绍如何对 ω 进行积分. 为此, 我们需要一些准备知识.

定义 3.16 设 $U \subseteq M$ 是一个开集. 称 U 为**可定向的**, 是指在 U 上存在一个处处非零的 m–微分形式. 一个如此的 m–微分形式给出一个定向.

注意到对每一点 $x \in M$, x 的 m–微分形式 $\Omega_x^m(M)$ 是 1 维线性空间 (因为流形 M 是 m 维的). 因此, U 上任何两个处处非零的 m–微分形式 ω_1, ω_2 相差一个函数因子

$$\omega_1 = a\omega_2, \quad a \in C^\infty(U).$$

ω_1, ω_2 都是处处非零的, 故 a 也是处处非零的. 若 $a > 0$, 则我们称 ω_1 与 ω_2 给定同一

个定向. 因此, 如果一个连通开集 U 是可定向的, 我们取一个处处非零的 m–微分形式 ω, 它给出了 U 的两个定向: ω 和 $-\omega$.

定理 3.7 *M 可定向的充分必要条件是存在一个坐标图册 (U_i, φ_i) 使得其中所有的坐标变换 $\varphi_i \circ \varphi_j^{-1}$ 都具有正的 Jacobi 行列式*

$$\det D(\varphi_i \circ \varphi_j^{-1}) > 0.$$

证明 设 M 是可定向流形, ω 是 M 上的一个处处非零的 m–微分形式. 设 (U, φ) 为一个坐标卡, 且 $\{x_i\}$ 是坐标函数. 在 U 上有一个自然的 m–微分形式

$$\omega_0 := \mathrm{d}x_1 \wedge \mathrm{d}x_2 \wedge \cdots \wedge \mathrm{d}x_m.$$

因为每一个 $\Omega_x^m(M)$ 是 1 维的, 所以存在一个函数 $a \in C^\infty(U)$, 它处处非零, 使得

$$\omega = a\omega_0 = a\mathrm{d}x_1 \wedge \mathrm{d}x_2 \wedge \cdots \wedge \mathrm{d}x_m.$$

我们总可以选择坐标 $\{x_i\}$ 使得 $a > 0$, 称此情形为与 ω 的定向相符.

现在在每一个 U_i 上, 都选择一个与 ω 的定向相符的坐标系. 设有两个与 ω 的定向相符的坐标卡 $(U, \varphi), (V, \psi)$ 使得 $U \cap V \neq \varnothing$. 设 ω 在 V 上的表达式为

$$\omega = b\mathrm{d}y_1 \wedge \mathrm{d}y_2 \wedge \cdots \wedge \mathrm{d}y_m, \quad b \in C^\infty(V),\ b > 0.$$

则在 $U \cap V$ 上, 坐标变换的 Jacobi 行列式

$$J = \det D(\psi \circ \varphi^{-1}) = \frac{\partial(y_1, y_2, \cdots, y_m)}{\partial(x_1, x_2, \cdots, x_m)} = a/b > 0.$$

反之, 设有一个坐标图册 (U_i, φ_i) 使得所有的坐标变换具有正的 Jacobi 行列式. 我们可以在每一个坐标邻域 U_i 上给出一个 m–微分形式

$$\omega_i = \mathrm{d}x_{i,1} \wedge \mathrm{d}x_{i,2} \wedge \cdots \wedge \mathrm{d}x_{i,m},$$

它在 U_i 上处处非零, 这里 $x_{i,\alpha}, \alpha = 1, 2, \cdots, m$, 是 U_i 上的坐标函数. 利用坐标变换具有正的 Jacobi 行列式, 我们知道, 在 $U_i \cap U_j$ 上

$$\frac{\omega_i}{\omega_j} > 0.$$

然后用 $\{U_i\}$ 的一族单位分解 g_i, 我们令

$$\omega := \sum_i g_i \omega_i.$$

这是处处非零的, 因此给出了一个定向. □

3.4.6 流形上的积分

设 M 是可定向流形, ω 是 M 上的一个处处非零的 m–微分形式, 我们首先考虑在局部坐标邻域内积分. 设 (U,φ) 为一个坐标卡, 且 $\{x_i\}$ 是坐标函数. 利用 U 上自然的 m–微分形式

$$\omega_0 := \mathrm{d}x_1 \wedge \mathrm{d}x_2 \wedge \cdots \wedge \mathrm{d}x_m,$$

我们有

$$\omega = a\omega_0 = a\mathrm{d}x_1 \wedge \mathrm{d}x_2 \wedge \cdots \wedge \mathrm{d}x_m, \quad a \in C^\infty(U),\ a \neq 0.$$

我们总可以选择坐标 $\{x_i\}$ 使之和 ω 的定向相符, 即 $a > 0$. 它的积分可以定义成

$$\int_U \omega := \int_{\varphi(U)} a \circ \varphi^{-1} \mathrm{d}\bar{x}_1 \mathrm{d}\bar{x}_2 \cdots \mathrm{d}\bar{x}_m, \tag{3.6}$$

其中 $\bar{x}_i = x_i \circ \varphi^{-1}$, $i = 1, 2, \cdots, m$.

若要验证这个定义是合理定义的, 我们需要检验方程右端不依赖于坐标卡的选择. 设 (V,ψ) 是另一坐标卡, $\{y_j\}$ 是其上和 ω 的定向相符的坐标函数. 设 ω 在 V 上的表达式为

$$\omega = b\mathrm{d}y_1 \wedge \mathrm{d}y_2 \wedge \cdots \wedge \mathrm{d}y_m, \quad b \in C^\infty(V),\ b > 0.$$

则在 $U \cap V$ 上, 有

$$J := \det\ D(\psi \circ \varphi^{-1}) = \frac{\partial(y_1, y_2, \cdots, y_m)}{\partial(x_1, x_2, \cdots, x_m)} = a/b > 0.$$

根据积分变换公式和 $J > 0$,

$$\begin{aligned}\int_{\psi(U\cap V)} b \circ \psi^{-1} \cdot J \cdot \mathrm{d}\bar{y}_1 \mathrm{d}\bar{y}_2 \cdots \mathrm{d}\bar{y}_m &= \int_{\psi(U\cap V)} b \circ \psi^{-1} \cdot |J| \cdot \mathrm{d}\bar{y}_1 \mathrm{d}\bar{y}_2 \cdots \mathrm{d}\bar{y}_m \\ &= \int_{\varphi(U\cap V)} a \circ \varphi^{-1} \mathrm{d}\bar{x}_1 \mathrm{d}\bar{x}_2 \cdots \mathrm{d}\bar{x}_m.\end{aligned}$$

这说明方程 (3.6) 不依赖于定向坐标系的选择. 因此 $\int_U w$ 是合理定义的.

现在我们考虑 ω 在整个流形 M 上的积分. 假设 ω 的支撑集

$$\mathrm{supp}(\omega) := \overline{\{x \in M | \omega(x) \neq 0\}}$$

是一个紧致集. 设 $\{U_i\}$ 是一个坐标覆盖, $\{g_i\}$ 是对应的一族单位分解. 则

$$\omega = \left(\sum_i g_i\right)\omega = \sum_i (g_i\omega).$$

$$\int_M \omega = \sum_i \int_M g_i\omega = \sum_i \int_{U_i \cap \mathrm{supp}(\omega)} g_i\omega. \tag{3.7}$$

最后, 我们还需要验证: 这个方程右端和单位分解的选取无关. 假设 $\{h_i\}$ 是 $\{U_i\}$ 上的另一族单位分解.

$$\begin{aligned}\sum_j \int_M h_j\omega &= \sum_j \int_M \left(\sum_i g_i\right) h_j\omega = \sum_{i,j} \int_M g_i h_j\omega \\ &= \sum_i \int_M g_i \left(\sum_j h_j\right) \omega = \sum_i \int_M g_i\omega.\end{aligned}$$

定义 3.17 设 M 是光滑流形, ω 是一个 m–微分形式, 具有紧致支撑集 $\mathrm{supp}(\omega)$. 那么由 (3.7) 式给出的 $\displaystyle\int_M \omega$ 称为 ω 在 M 上的积分.

3.4.7 Stokes 公式

在微积分中, 最重要的公式是 Newton-Leibniz 公式. 这在二元微积分中的对应物是 Green 公式. 现在介绍它在微分流形上的版本, 即 Stokes 公式. 我们从如下概念开始.

定义 3.18 设 $D \subseteq M$ 是一个闭集, M 是一个 m 维光滑流形. $p \in D$ 称为 D 的一个**边界点**, 是指存在一个坐标卡 $(U, \{x_i\})$ (即是一个坐标卡 (U, φ) 和对应的坐标函数 $\{x_i\}$), 使得

$$x_i(p) = 0 (i = 1, 2, \cdots, m), \quad U \cap D = \{q \in U |\ x_m(q) \geqslant 0\}.$$

具有如此性质的坐标卡称为一个适用的坐标卡. 全体边界点的集合称为 D 的边界, 记 ∂D. (见图 3.3.)

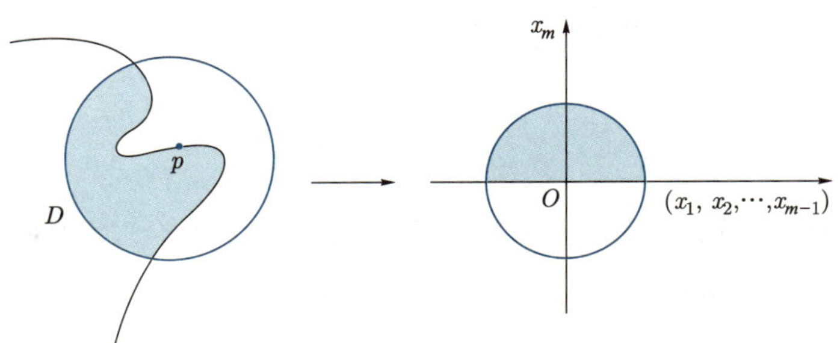

图 3.3 带边流形

注 3.9 这个边界点的概念和度量空间中边界点的概念不完全一致. 例如在 $[0, 1]$ 中的 Cantor(康托尔) 集, 每一点在度量空间意义下是一个边界点. 但是在上述定义中, 不是边界点. 另一个例子: 考虑 D 是 $\mathbb{R}^2$ 中的一个正方形区域. 则 4 个顶点在度量空间的意义下是边界点, 但在如上定义中都不是边界点.

命题 3.7 ∂D 的每一个连通分支形成一个 $(m-1)$ 维微分流形.

证明 设任意 $p\in\partial D$. 取一个适用的坐标卡 $(U,\{x_i\})$, 我们首先断言:

$$U\cap\partial D=\{q\in U|\ x_m(q)=0\}.$$

这是不难验证的, 细节留作练习.

现在 $(U\cap\partial D,\{x_i\}_{i=1,2,\cdots,m-1})$ 形成了一个坐标卡, 并且所有的如此坐标卡形成 ∂D 上的一个微分结构. □

定理 3.8 设 M 是可定向的 m 维微分流形. $D\subseteq M$ 是一个闭集, 则 ∂D 的每一个连通分支是可定向的.

证明 设 ω 是一处处非零的 m–微分形式. 对任意一点 $p\in\partial D$, 设有适用坐标卡 $(U,\{x_i\})$, 则

$$U\cap\partial D=\{q\in U|\ x_m(q)=0\}.$$

从而 $(x_1,x_2,\cdots,x_{m-1})$ 是 ∂D 在 p 处附近的局部坐标系, 以及由

$$(-1)^m\mathrm{d}x_1\wedge\mathrm{d}x_2\wedge\cdots\wedge\mathrm{d}x_{m-1}$$

给出了 ∂D 在 p 附近的一个定向. 我们将证明, 如此得到的坐标卡邻域上的定向一定是彼此相容的, 从而诱导了一个 ∂D 的定向.

设 $(V,\{y_j\})$ 是 p 附近另一个和 M 定向相符的适用坐标卡, 则有 Jacobi 行列式

$$\frac{\partial(y_1,y_2,\cdots,y_m)}{\partial(x_1,x_2,\cdots,x_m)}>0.$$

考虑 $y_m=y_m(x_1,x_2,\cdots,x_m)$, 对于固定的 $x_1,x_2,\cdots,x_{m-1}$, 变量 y_m 和 x_m 的符号相同, 而且 $y_m(p)=x_m(p)$. 这给出在 p 处

$$\frac{\partial y_m}{\partial x_m}>0.$$

不失一般性, 可设 $y_m=x_m$, 因此

$$\frac{\partial(y_1,y_2,\cdots,y_{m-1})}{\partial(x_1,x_2,\cdots,x_{m-1})}>0.$$

这说明 $\{x_1,x_2,\cdots,x_{m-1}\}$ 和 $\{y_1,y_2,\cdots,y_{m-1}\}$ 给出的定向一致. □

定理 3.9 (Stokes 公式) 设 M 是一个 m 维紧致带边 C^∞ 微分流形, $\omega\in\Omega^{m-1}(M)$, 则

$$\int_M\mathrm{d}\omega=\int_{\partial M}\omega.$$

这一定理的证明超出了我们的教学容量, 建议参看 [9]. 我们考虑一些特例辅助理解.

例 3.9 令 $M=\mathbb{R}$ 和 $D=[a,b]$, 则 $\partial D=\{a,b\}$ 并伴有定向 $\{b\}-\{a\}$. 因此, 对于任意 0–微分形式 (即函数) f, 有

$$\int_{[a,b]} \mathrm{d}f = f(b)-f(a).$$

此即 Newton-Leibniz 公式.

例 3.10 令 $M=\mathbb{R}^2$ 和 D 为一光滑有界闭区域, 则 ∂D 伴有定向 (使之和指向 D 内的单位法向量构成 $\mathbb{R}^2$ 的一个正向标架). 考虑 1–微分形式

$$\omega = P\mathrm{d}x + Q\mathrm{d}y,$$

则有

$$\mathrm{d}\omega = -\frac{\partial P}{\partial y}\mathrm{d}x\wedge\mathrm{d}y + \frac{\partial Q}{\partial x}\mathrm{d}x\wedge\mathrm{d}y,$$

从而由 Stokes 公式可以得到

$$\int_D \left(-\frac{\partial P}{\partial y}+\frac{\partial Q}{\partial x}\right)\mathrm{d}x\wedge\mathrm{d}y = \int_{\partial D} P\mathrm{d}x + Q\mathrm{d}y,$$

也即 Green 公式.

第四章

专题选讲

4.1 极小曲面

极小曲面, 从 Euler 和 Lagrange (拉格朗日) 研究变分法开始, 一直是微分几何最经典的问题之一, 我们将在这一节介绍它的基本知识, 以及它和现代微分几何的一些联系.

4.1.1 $\mathbb{R}^3$ 中的极小曲面方程

给定一条闭曲线 $\gamma \subseteq \mathbb{R}^3$, 我们希望找到 γ 所包围的所有曲面中, 面积达最小值者. 这称为 Plateau (普拉托) 问题. 我们首先从函数的图开始, 导出对应的 Euler-Lagrange 方程.

设 γ 投影到 $x-y$ 平面上, 这得到一条光滑曲线 $\bar{\gamma} \subseteq \mathbb{R}^2$, 它所围成的区域是 $\Omega \subseteq \mathbb{R}^2$. 考虑一个 C^2 函数 $u : \Omega \to \mathbb{R}$ 和它的图

$$G_u := \{(x, y, u(x, y)) |\ (x, y) \in \Omega\}.$$

这个图的边界即 γ. G_u 的两个切向量为

$$(1, 0, u_x), \quad (0, 1, u_y),$$

这里 $u_x = \dfrac{\partial u}{\partial x}, u_y = \dfrac{\partial u}{\partial y}$, 法向量

$$\begin{aligned} N_u := & \frac{(1, 0, u_x) \times (0, 1, u_y)}{|(1, 0, u_x) \times (0, 1, u_y)|} \\ = & \frac{(-u_x, -u_y, 1)}{\sqrt{1 + u_x^2 + u_y^2}} = \frac{(-u_x, -u_y, 1)}{\sqrt{1 + |\nabla u|^2}}, \end{aligned}$$

且面积是

$$\text{Area}(G_u) = \int_\Omega |(1, 0, u_x) \times (0, 1, u_y)| = \int_\Omega \sqrt{1 + |\nabla u|^2}.$$

我们考虑一族函数 $u+t\varphi : \Omega \to \mathbb{R}, t \in (-\varepsilon, \varepsilon)$ 且 $\varphi|_{\partial\Omega=\bar{\gamma}} = 0$. 因此 $(u+t\varphi)|_{\bar{\gamma}} = u|_{\bar{\gamma}}$. 所以这一族函数的图 $G_{u+t\varphi}$ 具有相同的边界 γ. 我们首先导出 G_u 是极小曲面的 Euler-Lagrange 方程, 即从 $\text{Area}(G_u) \leqslant \text{Area}(G_{u+t\varphi})$ 对任意 $t \in (-\varepsilon, \varepsilon)$ 成立, 导出 u 应该满足的方程.

考虑面积泛函

$$A(t) := \text{Area}(G_{u+t\varphi}) = \int_\Omega \sqrt{1 + |\nabla u + t\nabla\varphi|^2}.$$

我们有 $A(0)=\mathrm{Area}(G_u)$ 和

$$\left.\frac{\mathrm{d}}{\mathrm{d}t}\right|_{t=0}A(t)=\int_\Omega\frac{\langle\nabla u,\nabla\varphi\rangle}{\sqrt{1+|\nabla u|^2}}$$
$$=-\int_\Omega\varphi\cdot\mathrm{div}\left(\frac{\nabla u}{\sqrt{1+|\nabla u|^2}}\right).$$

因此, u 是面积函数 $\mathrm{Area}(G_u)$ 的驻点当且仅当它满足方程

$$\mathrm{div}\left(\frac{\nabla u}{\sqrt{1+|\nabla u|^2}}\right)=0. \tag{4.1}$$

这个方程被称为极小曲面方程, 也可以写作

$$0=(1+|\nabla u|^2)^{3/2}\cdot\left[\frac{\partial}{\partial x}\left(\frac{u_x}{\sqrt{1+|\nabla u|^2}}\right)+\frac{\partial}{\partial y}\left(\frac{u_y}{\sqrt{1+|\nabla u|^2}}\right)\right]$$
$$=(1+u_y^2)u_{xx}+(1+u_x^2)u_{yy}-2u_xu_yu_{xy}.$$

这是一个 2 阶拟线性椭圆型偏微分方程.

4.1.2 面积泛函的极小性

我们将说明, 一个 C^2 函数 $u:\Omega\to\mathbb{R}$ 如果满足极小曲面方程, 则它的图 G_u 不仅是面积泛函 $A(t)$ 的驻点, 而且是最小元.

定理 4.1 若 $u:\Omega\to\mathbb{R}$ 满足极小曲面方程, $\Sigma\subseteq\Omega\times\mathbb{R}$ 是另一个曲面, 且与 G_u 有相同边界, $\partial\Sigma=\partial G_u$, 则

$$\mathrm{Area}(G_u)\leqslant\mathrm{Area}(\Sigma).$$

注 4.1 这个定理说明 G_u 是面积泛函 $A(t)$ 在 $\Omega\times\mathbb{R}$ 内的整体最小值.

证明 不失一般性, 我们可以假设 Σ 位于 G_u 的上方, 即对 Σ 上任意一点 (x,y,z) 有 $z\geqslant u(x,y)$. (如若不然, 我们取 Σ 在 G_u 上方的部分, 并用 G_u 代替 Σ 在下方的部分.) 记 Σ 和 G_u 所围成的区域为 $D\subseteq\Omega\times\mathbb{R}$.

我们考虑一个 2–微分形式

$$\omega(X,Y):=\langle X\wedge Y,N\rangle,\quad N=\frac{(-u_x,-u_y,1)}{\sqrt{1+|\nabla u|^2}},$$

其中 X,Y 是 $\Omega\times\mathbb{R}$ 中的任意向量场. 如果 X,Y 是单位向量, 则有 $|\omega(X,Y)|\leqslant 1$. 注意到, 如果 $X,Y\in T_{(x,y,u(x,y))}G_u$ 是一组单位正交基, 并且使得 X,Y,N 形成 $\mathbb{R}^3$ 的正向正交基, 则我们有 $\omega(X,Y)=1$. 因此

$$\mathrm{Area}(G_u)=\int_{G_u}\omega.$$

利用 Stokes 公式可得

$$\int_D \mathrm{d}\omega = \int_{\partial D} \omega = \int_{\Sigma} \omega - \int_{G_u} \omega \leqslant \operatorname{Area}(\Sigma) - \operatorname{Area}(G_u). \tag{4.2}$$

另一方面,

$$\begin{aligned}
&\mathrm{d}\omega\left(\frac{\partial}{\partial x}, \frac{\partial}{\partial y}, \frac{\partial}{\partial z}\right)\\
=&\frac{\partial}{\partial x}\left(\omega\left(\frac{\partial}{\partial y}, \frac{\partial}{\partial z}\right)\right) - \frac{\partial}{\partial y}\left(\omega\left(\frac{\partial}{\partial x}, \frac{\partial}{\partial z}\right)\right) + \frac{\partial}{\partial z}\left(\omega\left(\frac{\partial}{\partial x}, \frac{\partial}{\partial y}\right)\right),
\end{aligned}$$

这里我们已经使用了

$$\left[\frac{\partial}{\partial x}, \frac{\partial}{\partial y}\right] = \left[\frac{\partial}{\partial x}, \frac{\partial}{\partial z}\right] = \left[\frac{\partial}{\partial y}, \frac{\partial}{\partial z}\right] = 0.$$

直接计算可知

$$\begin{aligned}
\omega\left(\frac{\partial}{\partial x}, \frac{\partial}{\partial y}\right) &= \frac{1}{\sqrt{1+|\nabla u|^2}},\\
\omega\left(\frac{\partial}{\partial x}, \frac{\partial}{\partial z}\right) &= \frac{u_y}{\sqrt{1+|\nabla u|^2}},\\
\omega\left(\frac{\partial}{\partial y}, \frac{\partial}{\partial z}\right) &= \frac{-u_x}{\sqrt{1+|\nabla u|^2}}.
\end{aligned}$$

因此,

$$\mathrm{d}\omega\left(\frac{\partial}{\partial x}, \frac{\partial}{\partial y}, \frac{\partial}{\partial z}\right) = \frac{\partial}{\partial x}\left(\frac{-u_x}{\sqrt{1+|\nabla u|^2}}\right) - \frac{\partial}{\partial y}\left(\frac{u_y}{\sqrt{1+|\nabla u|^2}}\right) = 0.$$

我们得到 $\mathrm{d}\omega = 0$. 代入方程 (4.2), 立得

$$\operatorname{Area}(\Sigma) \geqslant \operatorname{Area}(G_u).$$

证毕. □

推论 4.2 设 $u: \Omega \to \mathbb{R}$ 满足极小曲面方程, $B_r(0^2) \subseteq \Omega$. 则有

$$\pi r^2 \leqslant \operatorname{Area}\big(G_u \cap B_r(0^3)\big) \leqslant 2\pi r^2.$$

这里的 $B_r(0^m)$ 表示在 $\mathbb{R}^m$ 中半径为 r 的球体, 中心在原点.

证明 因为 $B_r(0^2) \subseteq \Omega$, 做正交投影, 可知

$$\operatorname{Area}\big(G_u \cap B_r(0^3)\big) \geqslant \operatorname{Area}(B_r(0^2)) = \pi r^2.$$

另一方面, 考虑 $\partial B_r(0^3) \cap G_u$ 将球面 $\partial B_r(0^3)$ 分成上、下两部分, 根据定理 4.1, 每一部分的面积都大于等于 $G_u \cap B_r(0^3)$ 的面积, 所以

$$\operatorname{Area}\big(G_u \cap B_r(0^3)\big) \leqslant \frac{1}{2}\operatorname{Area}(\partial B_r(0^3)) = 2\pi r^2.$$

证毕. □

4.1.3 $\mathbb{R}^n$ 中的极小曲面方程

如上所有的知识都可以从 $\mathbb{R}^3$ 推广到 $\mathbb{R}^{n+1}$. 设 $\Omega \subseteq \mathbb{R}^n$ 和 $u \in C^\infty(\Omega)$, 面积极小图的 Euler-Lagrange 方程是

$$\operatorname{div}\left(\frac{\nabla u}{\sqrt{1+|\nabla u|^2}}\right) = 0.$$

这个方程形式和 (4.1) 是相同的, 仅仅需要注意这里的 ∇u 是 $\mathbb{R}^n$ 上函数的梯度. 同样地, 一个极小曲面方程的解, 仍是 $\Omega \times \mathbb{R}$ 上的整体极小元.

4.1.4 $\mathbb{R}^3$ 中的极小曲面

我们想给出极小曲面方程的几何解释. 为此, 我们先计算 G_u 的第一、第二基本形式. 用两个切向量场

$$(1, 0, u_x), \quad (0, 1, u_y),$$

我们可得第一基本形式

$$E = 1 + u_x^2, \quad F = u_x u_y, \quad G = 1 + u_y^2,$$

法向量 $N = (-u_x, -u_y, 1)/\sqrt{1+|\nabla u|^2}$, 以及第二基本形式

$$e = \langle (0, 0, u_{xx}), N \rangle = \frac{u_{xx}}{\sqrt{1+|\nabla u|^2}}, \quad f = \frac{u_{xy}}{\sqrt{1+|\nabla u|^2}}, \quad g = \frac{u_{yy}}{\sqrt{1+|\nabla u|^2}}.$$

则 Weingarten 变换为

$$W = \begin{pmatrix} e & f \\ f & g \end{pmatrix} \begin{pmatrix} E & F \\ F & G \end{pmatrix}^{-1} = \frac{1}{EG - F^2} \begin{pmatrix} e & f \\ f & g \end{pmatrix} \begin{pmatrix} G & -F \\ -F & E \end{pmatrix}.$$

从这里我们可以得到 Gauss 曲率

$$K = \det W = \frac{u_{xx}u_{yy} - u_{xy}^2}{(1+|\nabla u|^2)^2}$$

和平均曲率

$$H = \frac{u_{xx}(1+u_y^2) + u_{yy}(1+u_x^2) - 2u_{xy}u_x u_y}{(1+|\nabla u|^2)^{3/2}}.$$

因此, 我们可以重写极小曲面方程为 $H = 0$. 利用这个性质可以把极小曲面的概念拓展到一般曲面上.

定义 4.1 一个 C^2 (浸入) 曲面 $S \subseteq \mathbb{R}^3$ 若具有平均曲率 $H \equiv 0$, 则称之为一个极小曲面.

一个基本的性质是极小曲面具有非正曲率.

定理 4.3 设 $S \subseteq \mathbb{R}^3$, 则 S 的 Gauss 曲率非正.

证明 设主曲率为 κ_1, κ_2, 则有

$$K = \kappa_1 \kappa_2, \quad H = \kappa_1 + \kappa_2.$$

S 是极小的, 故 $H = 0$. 因此 $K = -\kappa_1^2 \leqslant 0$. □

4.1.5 极小曲面的调和函数刻画

回顾 S 中协变导数的概念, 让我们从 $\mathbb{R}^3$ 中的导数开始. 在 $\mathbb{R}^3$ 中, 对任意两个向量场 X, Y, 记 $Y = (Y_1, Y_2, Y_3)$, 则

$$D_X Y = (D_X Y_1,\ D_X Y_2,\ D_X Y_3).$$

设 $S \subseteq \mathbb{R}^3$ 为一个正则曲面. 任何一点 $p \in S$, T_pS 表示 S 在 p 的切平面. 对任意向量场 X, 可以正交分解为 X^T 和 X^N: 对每一点 $p \in S$, $X^T \in T_pS$ 和 $X^N = X_p - X^T$ 垂直于 T_pS. 利用这个正交分解, 可以定义协变导数

$$\nabla_X Y := (D_X Y)^T$$

和第二基本形式

$$A(X, Y) := (D_X Y)^N.$$

更加精确地, 如果 X 是 S 上的一个切向量场, 对任意点 $p \in S$, 存在一个邻域 $U_p \subseteq \mathbb{R}^3$ 使得 X 可以延拓到 U_p 上, 即存在 U_p 上的向量场 $\tilde{X}$ 使得 $\tilde{X}|_{S \cap U_p} = X$. 则对 S 上任意两个向量场 X, Y, 我们有

$$\nabla_X Y := (D_{\tilde{X}} \tilde{Y})^T, \quad A(X, Y) := (D_{\tilde{X}} \tilde{Y})^N.$$

习题 4.1 验证以上 $\nabla_X Y, A(X, Y)$ 与延拓的选择无关.

第二基本形式的一个重要性质是对称性, 这由

$$D_{\tilde{X}} \tilde{Y} - D_{\tilde{Y}} \tilde{X} = [\tilde{X}, \tilde{Y}]$$

和事实: S 的切向量场的李括号仍旧是切向量场, 两边同时做法向投影可得.

我们记曲面 S 的第一基本形式为 g, 对每一点 $p \in S$, g_p 为 T_pS 上的一个正定对称的二次型.

定义 4.2 设 $U \subseteq S$ 是一个开区域且 $f \in C^\infty(U)$.

(1) 它的**梯度**, 记为 ∇f, 是一个光滑向量场, 定义方式如下: 对任意 $p \in U$, 向量 $\nabla_p f$ 满足

$$g_p(\nabla_p f, v) = D_v f, \quad \forall v \in T_pS. \tag{4.3}$$

(2) 它的 **Laplacian (Laplace-Beltrami (拉普拉斯–贝尔特拉米) 算子)**, 记为 Δf, 定义为

$$\Delta f := g(\nabla_{E_i}\nabla f, E_i),$$

这里 $\{E_1, E_2\}$ 是 U 上处处幺正的一对向量场 (关于第一基本形式 g).

考虑局部计算, 设 (U, φ) 是 p 点附近的一个局部坐标卡, $\varphi(U)$ 上的坐标函数为 $\{x_1, x_2\}$. T_pS 有基 $\{\partial_1, \partial_2\}$, $D_q\varphi(\partial_i|_q) = \dfrac{\partial}{\partial x_i}|_{\varphi(q)}, \forall q \in U$. 记二次型 g_p 在这一组基下的矩阵表示

$$g_{ij} := g_p(\partial_i, \partial_j), \quad i, j = 1, 2.$$

那么对于 U 上的任意向量场 X, Y, 设在此基下为 $X = X_i\partial_i, Y = Y_j\partial_j$, 则有

$$g_p(X, Y) = g_{ij}X_iY_j.$$

现在我们在 U 上计算 ∇f. 设 $\nabla f = \nabla_i f \cdot \partial_i$ ($\nabla_i f$ 待定), 应用定义 (4.3) 于 $v = \partial_j$, 我们可以得到

$$g_p(\nabla_i f \cdot \partial_i, \partial_j) = D_{\partial_j} f = \partial_j f.$$

即 $\nabla_i f \cdot g_{ij} = \partial_j f$, 可得

$$\nabla_i f = g^{ij}\partial_j f,$$

其中 (g^{ij}) 是矩阵 (g_{ij}) 的逆矩阵.

习题 4.2 在局部坐标下, 我们有

$$\Delta f = g^{ij}\nabla_i\nabla_j f = \frac{1}{\sqrt{G}}\partial_i(\sqrt{G}g^{ij}\partial_j f),$$

其中 $G = \det(g_{ij})$.

一个函数 $f \in C^2(U)$ 被称为**调和函数**, 是指满足 $\Delta f = 0$.

定理 4.4 正则曲面 $S \subseteq \mathbb{R}^3$ 是极小的当且仅当所有 $\mathbb{R}^3$ 中的坐标函数限制在 S 上是调和函数.

4.1.6 稳定极小曲面

设 u 是一个极小曲面方程的解, 我们已知它的图 G_u 总是面积泛函的一个极小值 (定理 4.1). 但是一般而言, 一个极小曲面 $S \subseteq \mathbb{R}^3$ 仅仅是面积泛函的一个驻点, 未必是极小的.

定义 4.3 极小曲面 S 被称为**稳定的**, 是指对任意光滑具有紧致支撑的函数 $\varphi \in C_0^\infty(S)$ 成立

$$\int_S |A|^2\varphi^2 \leqslant \int_S |\nabla\varphi|^2, \tag{4.4}$$

这里 $|A|^2$ 表示 A 的模长平方. 在局部坐标下表达为

$$|A|^2 = g^{ij}g^{kl}A_{ik}A_{jl}.$$

注 4.2 如果我们考虑 $S \subseteq \mathbb{R}^3$ 是一个定向的曲面, 法向量为 N. 给一个函数 $\varphi \in C_0^\infty(S)$, 我们考虑一族曲面

$$S_{t,\varphi} := \{x + t\varphi(x)N \in \mathbb{R}^3 |\ x \in S\}.$$

类似于函数图的情形有

$$\left.\frac{\mathrm{d}}{\mathrm{d}t}\right|_{t=0}\mathrm{Area}(S_{t,\varphi}) = \int_S H\varphi.$$

这给出面积泛函 $\mathrm{Area}(S_{t,\varphi})$ 的驻点为 $H=0$ 的曲面. 进一步, 在驻点处有

$$\left.\frac{\mathrm{d}^2}{\mathrm{d}t^2}\right|_{t=0}\mathrm{Area}(S_{t,\varphi}) = -\int_S |A|^2\varphi^2 + \int_S |\nabla\varphi|^2.$$

因此, 稳定性方程 (4.4) 等价于

$$\left.\frac{\mathrm{d}^2}{\mathrm{d}t^2}\right|_{t=0}\mathrm{Area}(S_{t,\varphi}) \geqslant 0.$$

任意面积泛函的极小元总是稳定的, 特别地, 极小图 (极小曲面方程解的图) 是稳定的.

习题 4.3 设 $f(x)$ 是 $\mathbb{R}^2$ 上的光滑函数, 它的图 $(x, f(x)) \subseteq \mathbb{R}^3$. 对指向 $\{x \mid f(x) > 0\}$ 的单位法向, 证明它的第二基本形式为

$$A = -\mathrm{Hess} f.$$

4.1.7 Bernstein 定理

在 1916 年, Bernstein (伯恩斯坦) 证明了如下经典的结果.

定理 4.5 (Bernstein 定理) 若 $u : \mathbb{R}^2 \to \mathbb{R}$ 满足极小曲面方程, 则 u 一定是线性函数, 即存在 $a, b, c \in \mathbb{R}$ 使得 $u = ax + by + c$.

证明 取任意 $k>1$ 和一个函数 $\varphi:\mathbb{R}^3\to\mathbb{R}$ 为

$$\varphi(x)=\begin{cases}1, & |x|^2\leqslant k,\\ 2-2\dfrac{\log(|x|)}{\log k}, & k<|x|^2<k^2,\\ 0, & |x|^2\geqslant k^2.\end{cases}$$

那么 φ 是 Lipschitz (利普希茨) 连续的, 几乎处处有

$$|\nabla\varphi|\leqslant\frac{2}{|x|\cdot\log k}.$$

代入稳定性方程 (4.4), 我们有, 记 $B_r:=B_r(0^3)$,

$$\begin{aligned}\int_{B_{\sqrt{k}}\cap S}|A|^2\leqslant\int_S|A|^2\varphi^2\leqslant\int_S|\nabla\varphi|^2&\leqslant\frac{4}{(\log k)^2}\int_{(B_k\backslash B_{\sqrt{k}})\cap S}\frac{1}{|x|^2}\\ &\leqslant\frac{4}{(\log k)^2}\sum_{a=\log k/2}^{\log k}\int_{(B_{\mathrm{e}^a}\backslash B_{\mathrm{e}^{a-1}})\cap S}\frac{1}{|x|^2}\\ &\leqslant\frac{4}{(\log k)^2}\sum_{a=\log k/2}^{\log k}2\pi\mathrm{e}^2\leqslant\frac{4\pi\mathrm{e}^2}{\log k},\end{aligned}$$

这里我们用了定理 4.1中的体积上界. 最后让 $k\to\infty$, 我们有 $\int_S|A|^2=0$, 于是 $|A|^2=0$. 这导出

$$u_{xx}=u_{yy}=u_{xy}=0.$$

因此, $u=ax+by+c$. □

注 4.3 (1) 一个问题是将 Bernstein 定理推广到高维情况, 即考虑 $u:\mathbb{R}^n\to\mathbb{R}$ 满足极小曲面方程, 是否 u 仍旧是线性的. 经过许多数学家的努力, 现在已经知道: 对 $n\leqslant 7$, 结论是成立的. 但是对于 $n=8$, J. Simon 构造了

$$C:=\{(x_1,x_2,\cdots,x_8)\mid x_1^2+x_2^2+x_3^2+x_4^2=x_5^2+x_6^2+x_7^2+x_8^2\}\subseteq\mathbb{R}^8,$$

这是一个面积泛函的极小元.

(2) 另一个拓展 Bernstein 定理的方向是考虑 $\mathbb{R}^n$ 中的稳定极小子流形. 建议参考彭家贵- do Carmo, Schoen-Simon-Yau 和最近 Chodosh-Li 的工作及其相关文献.

极小曲面理论是微分几何中的一个重要篇章. 进一步的学习, 可以参看 T. H. Colding 和 W. P. Minicozzi II 的教程 *A Course in Minimal Surfaces*.

4.2 整体微分几何

在这一章中, 我们研究曲面的整体微分几何. 这里的曲面是指 2 维流形, 而不单单指 $\mathbb{R}^3$ 中的曲面 (也可以参考 [4]).

4.2.1 二维流形的拓扑

我们首先回顾一些曲面的拓扑知识.

一个曲面 S (2 维流形) 是指它是一个 Hausdorff 空间, 并且满足:

(1) 它是连通的;

(2) 对任意点 $p \in S$, 存在一个邻域 $U_p \ni p$ 同胚于 $B_1(0^2)$.

若还满足如下性质, 我们称其是光滑的:

(3) 设 U_p, U_q 是 (2) 中给出的两个分别与 $B_1(0^2)$ 同胚的邻域, 记同胚映射为 $\varphi_p : U_p \to B_1(0^2)$ 和 $\varphi_q : U_q \to B_1(0^2)$. 若 $U_p \cap U_q \neq \varnothing$, 则坐标变换 $\varphi_p \circ \varphi_q^{-1}$ 是 C^∞ 的.

给定一个曲面 S, 称其为可定向的, 是指所有 (3) 中的坐标变换都有正的 Jacobi 行列式. 由第 3 章定理 3.8, 我们知道在 $\mathbb{R}^3$ 中所有紧致曲面都是可定向的. 事实上, 相反的结论也成立:

定理 4.6 任何一个紧致定向的曲面必定和 $\mathbb{R}^3$ 中的某个闭曲面同胚, 从而同胚到一个带有 g 个孔的球面, $g(\geqslant 0)$, 称为**亏格** (见图 4.1).

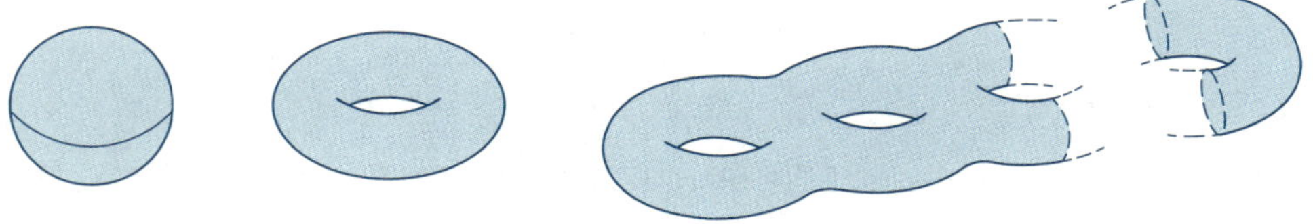

图 4.1 亏格, 曲面按拓扑分类 (见 D.Müller, The Manifold Atlas Project.)

以上定理说明, 利用亏格 g, 人们已经将紧致定向曲面按同胚意义下完全分类了; 但是也存在不可定向曲面, 例如实射影平面 $\mathbb{R}P^2$ (具体的构造参考第 3 章 3.1 节). 现如今, 事实上人们也将所有紧致不可定向曲面按同胚意义完成分类了.

4.2.2 二维 Riemann 流形

我们现在回顾一些第 2 章的基本概念.

设 S 是一个光滑曲面, 一个 Riemann 度量 g 是 S 上的一个对称正定 $(0,2)$–型张量场, 也即对每一点 $p \in S$, g 限制在 T_pS 上是一个对称正定的二次型, 记为 $\langle \cdot, \cdot \rangle_g$.

定理 4.7 在任何光滑曲面上, 存在 Riemann 度量.

证明 设 S 上的一组局部有限的坐标覆盖为 $\{U_\alpha,(x_\alpha,y_\alpha)\}$, 在每一个坐标邻域 U_α 上, 有 Riemann 度量

$$g_\alpha(=\mathrm{d}s_\alpha^2):=\mathrm{d}x_\alpha\otimes\mathrm{d}x_\alpha+\mathrm{d}y_\alpha\otimes\mathrm{d}y_\alpha.$$

设 $\{h_\alpha\}$ 为 $\{U_\alpha\}$ 上的一族单位分解, 令

$$g:=\sum_\alpha h_\alpha\cdot g_\alpha.$$

我们需要验证 g 在整个曲面上是合理定义的、正定的. 首先, 这是合理定义的, 即要证明在坐标覆盖相交处, 此定义不依赖于坐标选取. 事实上, 这已经在第 2 章中证明了, 见第 2 章 2.2 节 2.2.3.

再证明正定性. 因为 $0\leqslant h_\alpha\leqslant 1$, $\sum\limits_\alpha h_\alpha=1$, 所以对任意点 $p\in S$, 存在某个 $\bar\alpha$ 使得 $h_{\bar\alpha}>0$. 从而

$$g-h_{\bar\alpha}g_{\bar\alpha}=\sum_{\alpha\neq\bar\alpha}h_\alpha g_\alpha$$

是非负定的, 于是 g_p 是正定的. □

一个 2 维 Riemann 流形 (或 Riemann 曲面) 指一个光滑曲面 S 赋予了一个 Riemann 度量 g, 记为 (S,g). 对于一个给定的 2 维 Riemann 流形, 它的 Levi-Civita 联络记为 ∇_XY, 其中 X,Y 为任何两个光滑向量场. Gauss 曲率记为 K (分别见第 2 章 2.3 节和 2.5 节).

我们最后回顾测地线和指数映射的概念: $\gamma:(a,b)\to S$ 称为一条测地线是指它满足

$$\nabla_{\gamma'}\gamma'=0.$$

注意测地线总是常速的, 即 $|\gamma'|_g=$ 常数. 一个基本性质是如下的存在唯一性 (见第 2 章).

命题 4.1 固定任意一点 $p\in S$, 存在一个 $\varepsilon_p>0$ 和一个邻域 $U_p\ni p$, 使得如下结论成立: 对任意 $q\in U_p$, 任意向量 $v\in T_qS$ 使得 $|v|_g<\varepsilon_p$, 存在唯一的一条测地线 $\gamma_{q,v}:(-2,2)\to S$ 使得[①]

$$\gamma_{q,v}(0)=q,\qquad \gamma'_{q,v}(0)=v.$$

定义 4.4 任意给定 $p\in S$, 设 $\varepsilon:=\varepsilon_p>0$ 和测地线 $\gamma_{p,v}:(-2,2)\to S$ 如命题 4.1 所给出.

① 因为测地线满足 $\gamma_v(at)=\gamma_{av}(t)$ 对任意 $a>0$ 成立, 于是命题 4.1 中 γ 的定义区间 $(-2,2)$ 不是本质的, 可以换成任意区间 $(-l,l)$.

(1) 指数映射 $\exp_p : B_\varepsilon(o) \subseteq T_pS \to S$ 定义为

$$B_\varepsilon(o) \ni v \mapsto \gamma_{p,v}(1).$$

(2) 围绕 p 的测地极坐标是 $(t,v) \mapsto \exp_p(tv)$, 定义在指数映射是合理定义的地方.

从命题 4.1 还可以得到:

命题 4.2 任意给定 $p \in S$, 设 $\varepsilon := \varepsilon_p > 0$ 如命题 4.1 所给出. 则指数映射

$$\exp_p : B_\varepsilon(o) \to \exp_p\big(B_\varepsilon(o)\big) \subseteq S$$

是一个微分同胚, 并且 $\exp_p\big(B_\varepsilon(o)\big)$ 是一个开集.

定义 4.5 曲面 S 被称为测地完备的, 是指对任意一点 $p \in S$ 和任意一个方向 $v \in T_pS$, 测地线 $\gamma_{p,v}(t)$ 的定义域都是 $(-\infty, \infty)$. 等价地说, 是指对任意一点 p, 指数映射 $\exp_p$ 的定义域是整个切平面 T_pS.

4.2.3 弧长变分

设 (S,g) 是一个 2 维 Riemann 流形. $\gamma(t) \subseteq S$, $t \in [a,b]$, 是一条光滑曲线, 它的长度 $L(\gamma)$ 定义为

$$L(\gamma) := \int_a^b \sqrt{\langle \gamma', \gamma' \rangle_g} \mathrm{d}t.$$

在这一子节, 我们考虑弧长的变分, 即在小扰动下弧长的信息.

设 $\gamma(t) : [0,l] \to S$ 是一条弧长参数化的曲线. 我们考虑一族小扰动: 即给一个光滑映射

$$h(t,s) : [0,l] \times (-\varepsilon, \varepsilon) \to S,$$

使得 $h(\cdot, 0) = \gamma(t)$. 对任意固定的 $s \in (-\varepsilon,\varepsilon)$, $\gamma_s(t) := h(t,s)$ 是一条光滑曲线 (可能不再是弧长参数化), 我们记它的弧长为

$$L(s) := L(\gamma_s) = \int_0^l |\gamma_s'| \mathrm{d}t.$$

我们将计算弧长的**第一、第二变分**, 即

$$\frac{\mathrm{d}L}{\mathrm{d}s}(0), \quad \frac{\mathrm{d}^2 L}{\mathrm{d}s^2}(0).$$

在 $[0,l] \times (-\varepsilon,\varepsilon) \subseteq \mathbb{R}^2$ 上, 有正交的单位向量场 $\partial/\partial t, \partial/\partial s$. 我们令

$$\partial_t := \mathrm{d}h\left(\frac{\partial}{\partial t}\right), \quad \partial_s := \mathrm{d}h\left(\frac{\partial}{\partial s}\right).$$

令 $Y(t) := \partial_s|_{s=0}$, 称之为**变分场**.

引理 4.8 基于以上记号, 我们有

$$\frac{\mathrm{d}}{\mathrm{d}s}\bigg|_{s=0}\int_0^l|\gamma_s'(t)|\mathrm{d}t=\langle\partial_t,Y\rangle\Big|_0^l-\int_0^l\langle Y,\nabla_{\partial_t}\partial_t\rangle\mathrm{d}t.$$

证明 从定义可知 $\gamma_s'(t)=\partial_t$, 故

$$\partial_s|\gamma_s'(t)|=\partial_s(\langle\gamma_s',\gamma_s'\rangle^{1/2})=\frac{1}{2}\frac{\partial_s\langle\gamma_s',\gamma_s'\rangle}{\langle\gamma_s',\gamma_s'\rangle^{1/2}}=\frac{\langle\nabla_{\partial_s}\partial_t,\partial_t\rangle}{\langle\gamma_s',\gamma_s'\rangle^{1/2}}.\tag{4.5}$$

注意到

$$[\partial_t,\partial_s]=\left[\mathrm{d}h\left(\frac{\partial}{\partial t}\right),\mathrm{d}h\left(\frac{\partial}{\partial s}\right)\right]=\mathrm{d}h\left(\left[\frac{\partial}{\partial t},\frac{\partial}{\partial s}\right]\right)=0.$$

因此 $\nabla_{\partial_s}\partial_t=\nabla_{\partial_t}\partial_s$, 于是,

$$\partial_s|\gamma_s'(t)|=\frac{\langle\nabla_{\partial_t}\partial_s,\partial_t\rangle}{\langle\gamma_s',\gamma_s'\rangle^{1/2}}=\frac{\nabla_{\partial_t}\langle\partial_s,\partial_t\rangle-\langle\partial_s,\nabla_{\partial_t}\partial_t\rangle}{\langle\gamma_s',\gamma_s'\rangle^{1/2}}.$$

现在在 $[0,l]$ 上对 t 积分, 注意在 $s=0$ 时 $\gamma(t)$ 是弧长参数化的, 我们得到

$$\begin{aligned}\frac{\mathrm{d}}{\mathrm{d}s}\bigg|_{s=0}\int_0^l|\gamma_s'(t)|\mathrm{d}t&=\int_0^l\Big(\nabla_{\partial_t}\langle\partial_s,\partial_t\rangle-\langle\partial_s,\nabla_{\partial_t}\partial_t\rangle\Big)\mathrm{d}t\\&=\langle\partial_s,\partial_t\rangle\Big|_0^l-\int_0^l\langle\partial_s,\nabla_{\partial_t}\partial_t\rangle\mathrm{d}t.\end{aligned}$$

证毕. □

以下我们在 $L'(0)=0$ 的情形下计算 $L''(0)$, 即在 $L(s)$ 的驻点处判别它的极大极小性质.

引理 4.9 如果 $L'(0)=0$, 我们有

$$\frac{\mathrm{d}^2}{\mathrm{d}s^2}\bigg|_{s=0}\int_0^l|\gamma_s'(t)|\mathrm{d}t=\langle\nabla_YY,\partial_t\rangle\Big|_0^l+\int_0^l\left(|(\nabla_{\gamma'}Y)^\perp|^2-K\cdot|Y^\perp|^2\right)\mathrm{d}t.\tag{4.6}$$

这里对任意沿着 $\gamma(t)$ 的向量场 $V(t)$, 我们记 $V^\perp:=V-\langle V,\gamma'\rangle\cdot\gamma'$.

证明 从 (4.5) 式可得

$$\partial_s\partial_s|\gamma_s'(t)|=\frac{\langle\nabla_{\partial_s}\nabla_{\partial_s}\partial_t,\partial_t\rangle+\langle\nabla_{\partial_s}\partial_t,\nabla_{\partial_s}\partial_t\rangle}{\langle\gamma_s',\gamma_s'\rangle^{1/2}}-\frac{\langle\nabla_{\partial_s}\partial_t,\partial_t\rangle^2}{\langle\gamma_s',\gamma_s'\rangle^{3/2}}.$$

现在在 $[0,l]$ 上对 t 积分, 利用在 $s=0$ 时 $\gamma(t)$ 是弧长参数化的, 我们得到

$$\frac{\mathrm{d}^2}{\mathrm{d}s^2}\bigg|_{s=0}\int_0^l|\gamma_s'(t)|\mathrm{d}t=\int_0^l\left(\langle\nabla_{\partial_s}\nabla_{\partial_s}\partial_t,\partial_t\rangle+\langle\nabla_{\partial_s}\partial_t,\nabla_{\partial_s}\partial_t\rangle-\langle\nabla_{\partial_s}\partial_t,\partial_t\rangle^2\right)\mathrm{d}t.$$

注意到 $\nabla_{\partial_s}\partial_t=\nabla_{\partial_t}\partial_s$, 再应用 (2.89) 式和 (1.22) 式, 我们有

$$\nabla_{\partial_s}\nabla_{\partial_s}\partial_t=\nabla_{\partial_s}\nabla_{\partial_t}\partial_s=\nabla_{\partial_t}\nabla_{\partial_s}\partial_s-K(EG-F^2)\partial_t,$$

这里 $EG-F^2=|\partial_s|^2\cdot|\partial_t|^2-\langle\partial_s,\partial_t\rangle^2$. 上式两边和 ∂_t 做内积, 可得

$$\begin{aligned}\langle\nabla_{\partial_s}\nabla_{\partial_s}\partial_t,\partial_t\rangle&=\langle\nabla_{\partial_t}\nabla_{\partial_s}\partial_s,\partial_t\rangle-K(EG-F^2)|\partial_t|^2\\&=\nabla_{\partial_t}\langle\nabla_{\partial_s}\partial_s,\partial_t\rangle-\langle\nabla_{\partial_s}\partial_s,\nabla_{\partial_t}\partial_t\rangle-K(EG-F^2)|\partial_t|^2.\end{aligned}$$

再在 $s=0$ 时 $Y=\partial_s|_{s=0}$, $|\partial_t|=1$, $\nabla_{\partial_t}\partial_t=0$, 并积分, 我们得到

$$\int_0^l\langle\nabla_{\partial_s}\nabla_{\partial_s}\partial_t,\partial_t\rangle\mathrm{d}t=\langle\nabla_YY,\partial_t\rangle\Big|_0^l-\int_0^lK(|Y|^2-\langle Y,\partial_t\rangle^2)\mathrm{d}t.$$

联合以上方程即得 (4.6) 式. 证毕. □

4.2.4 第一变分公式的应用

在这一子节中, 作为第一变分公式的应用, 我们首先说明极小长度的曲线是测地线.

因为 S 是连通的, 于是对任意两点 $p,q\in S$, 存在一条连续曲线连接它们. 通过光滑化, 可以假定存在一条光滑曲线连接. 我们在 S 上定义一个度量 $d_g:S\times S\to\mathbb{R}_+\cup\{0\}$,

$$d_g(p,q):=\inf_\gamma L(\gamma),$$

这里的 $\inf\limits_\gamma$ 取遍所有连接 p,q 的光滑曲线 γ.

习题 4.4 证明这个函数 d_g 满足度量的公理定义.

引理 4.10 设 (S,g) 是一个 Riemann 曲面. 假设 γ 是连接 p,q 的一条最短线 (即以上 d_g 定义中达到 inf 的曲线), 则它是一条测地线.

证明 对任意沿着 $\gamma(t)$ 的向量场 $Y(t)$, 且 $Y(0)=Y(l)=0$, 考虑变分

$$h(t,s):=\exp_{\gamma(t)}(sY)$$

我们有 $h(0,s)=p$, $h(l,s)=q$. 由 γ 的极小性, 我们知道 $L'(0)=0$, 即

$$\int_0^l\langle\nabla_{\gamma'}\gamma',Y\rangle\mathrm{d}t=0.$$

因此, $\nabla_{\gamma'}\gamma'=0$. □

应用这个性质, 我们得到, 在局部区域, 度量 d_g 有如下性质.

引理 4.11 任意给定 $p\in S$, 设 $\varepsilon:=\varepsilon_p>0$ 是如命题 4.1 所给出. 则指数映射 $\exp_p:B_\varepsilon(o)\to\exp_p\big(B_\varepsilon(o)\big)$ 将 T_pS 中的球面映成度量 d_g 的球面 (称为测地球面):

$$\exp_p(\partial B_r(o))=\partial B_r(p):=\{q\in S|\ d_g(p,q)=r\},\quad\forall r\in(0,\varepsilon).$$

证明 固定任意 $r\in(0,\varepsilon)$. 取任意 $v\in T_pS$ 使得 $|v|=r$. 令 $q=\exp_p(v)$. 我们仅仅需要证明 $d_g(p,q)=r$.

首先, 曲线 $\gamma_v(t):=\exp_p(tv), t\in[0,1]$, 连接 p 和 q, 因此

$$d_g(p,q)\leqslant L(\gamma_v)=\int_0^1|\gamma_v'|(t)\mathrm{d}t=|v|=r,$$

这里我们用到了 $\gamma_v(t)$ 是测地线, 因此 $|\gamma_v'|(t)=$ 常数 $=|\gamma_v'|(0)=|v|$.

其次, 对任意一条曲线 $\sigma(t):[0,1]\to S$ 使得 $\sigma(0)=p,\sigma(1)=q$. 我们有

$$|\sigma'|(t)\geqslant\langle\sigma'(t),\partial_r\rangle=\frac{\mathrm{d}}{\mathrm{d}t}d_g(p,\sigma(t)).$$

令

$$t_0:=\sup\{t\mid\sigma([0,t])\subseteq\overline{B_r(p)}\}.$$

如果 $t_0<1$, 则 $d_g(p,\sigma(t_0))=r$,

$$\begin{aligned}L(\sigma)&=\int_0^1|\sigma'|\mathrm{d}t\geqslant\int_0^{t_0}|\sigma'|\mathrm{d}t\geqslant\int_0^{t_0}\frac{\mathrm{d}}{\mathrm{d}t}d_g(p,\sigma(t))\mathrm{d}t\\&=d_g(p,\sigma(t_0))-d_g(p,p)=r.\end{aligned}$$

若 $t_0=1$, 则

$$\begin{aligned}L(\sigma)&=\int_0^1|\sigma'|\mathrm{d}t\geqslant\int_0^1\frac{\mathrm{d}}{\mathrm{d}t}d_g(p,\sigma(t))\mathrm{d}t\\&=d_g(p,\sigma(1))=|v|=r.\end{aligned}$$

因此, 无论哪种情形, 都有 $L(\sigma)\geqslant r$, 从而 $d_g(p,q)\geqslant r$. 证毕. □

第二个应用是指数映射 (测地极坐标) 有如下局部性质:

命题 4.3 (Gauss 引理) 任意给定 $p\in S$, 设 $\varepsilon:=\varepsilon_p>0$ 如命题 4.1 所给出. 则指数映射 $\exp_p:B_\varepsilon(o)\to\exp_p\big(B_\varepsilon(o)\big)$ 有如下性质: 设 (r,θ) 是 T_pS 的极坐标, 记

$$\partial_r:=d_{(r,\theta)}\exp\left(\frac{\partial}{\partial r}\right),\quad\partial_\theta:=d_{(r,\theta)}\exp\left(\frac{\partial}{\partial\theta}\right),$$

则有:

(1) $|\partial_r|\equiv1$;

(2) $\langle\partial_r,\partial_\theta\rangle=0$.

证明 (1) 令 $(r,\theta)\in T_pS$, 取射线 $\gamma(t)=(r+t,\theta)$ 表示 $\partial_r(r,\theta)$, 有

$$\exp_p(\gamma(t))=\exp_q(t,\theta),\quad q=\exp_p(r,\theta).$$

从而 $d_{(r,\theta)}\exp_p(\partial/\partial r)$ 为测地线 $\exp_p(\gamma(t))$ 在 q 的切向量. 因此它的模长为 1.

(2) 令 $v=(1,\theta),\rho(t)=tv,t\in[0,r]$. 对任意 $w\in T_{(r,\theta)}T_pS$ 使得 $\langle w,\rho(t)\rangle=0$, $|w|=1$. 定义曲线

$$v(s)=v\cos s+w\sin s,\quad s\in(-\varepsilon,\varepsilon).$$

则 $v(0)=v,v'(0)=w$. 考虑变分

$$h(t,s)=\exp_p(tv(s)).$$

它的变分场 $Y(t)$ 满足 $Y(0)=0$ 和 $Y(r)=w$. 对任意 $s\in(-\varepsilon,\varepsilon)$, $|v(s)|=1$, 因此曲线 $h(\cdot,s):[0,r]\to S$ 的弧长为 r. 于是弧长第一变分 $L'(0)=0$. 应用第一变分可得

$$\langle\rho'(t),Y(t)\rangle\big|_0^r=0.$$

故有 $\langle\partial_r,\partial_\theta\rangle(r,\theta)=\langle\partial_r,\partial_\theta\rangle(0,\theta)=0$. □

4.2.5 Hopf-Rinow 定理

曲面上有两种完备性: 测地完备性、度量 d_g 的完备性. 以下定理说明二者等价.

定理 4.12 (Hopf-Rinow (霍普夫–里诺)) 设 (S,g) 是一个 Riemann 曲面, 则如下三个性质是等价的:

(1) 度量 d_g 是完备的 (在度量空间的意义下);

(2) S 是测地完备的, 即对任意点 p, 指数映射 $\exp_p$ 定义在整个 T_pS 上;

(3) 存在一点 $q\in S$ 使得指数映射 $\exp_q$ 的定义域是整个 T_qS.

如果 S 是完备的 (即满足以上三条中任意一条), 则有:

(4) 对任意两点 $p,q\in S$, 存在一条连接它们的最短线.

证明 (1) $\Rightarrow$ (2). 假设 $\gamma(t)$ 是一条测地线, $\gamma(0)=p$, 其最大的定义区间为 (a,b), 不失一般性, 我们可以假设它是弧长参数化的. 我们往证 $a=-\infty,b=\infty$. 反证法, 假设 $b<\infty$. 令

$$t_j=b-2^{-j}>0,\quad p_j:=\gamma(t_j).$$

因为 γ 是弧长参数化的, $L(\gamma|_{[t_j,t_{j+1}]})=2^{-(j+1)}$, 所以

$$d_g(p_j,p_{j+1})\leqslant 2^{-(j+1)}.$$

于是点列 $\{p_j\}$ 是一个 Cauchy (柯西) 列. 由 d_g 的完备性, 有极限点 $\bar{p}:=\lim\limits_{j\to\infty}p_j$. 我们可以定义 $\gamma(b)=\bar{p}$.

现在对 $\bar{p}$, 存在 $\varepsilon_{\bar{p}}>0$ (由命题 4.1 所给出), 使得对于任意 p_j, 存在测地线 $\gamma_j:(-\varepsilon_{\bar{p}},\varepsilon_{\bar{p}})\to S$ 使得

$$\gamma_j(0)=p_j,\quad \gamma_j'(0)=\gamma'(t_j).$$

当 j 足够大时 ($2^{-j} < \varepsilon_{\bar{p}}/2$ 时), 由测地线的唯一性, 可知曲线

$$\tilde{\gamma}(t) := \begin{cases} \gamma(t), & t \in (a, t_j], \\ \gamma_j(t - t_j), & t \in [t_j, t_j + \varepsilon_{\bar{p}}) \end{cases}$$

是一条测地线. 注意到 $t_j + \varepsilon_{\bar{p}} > b$, 这与 $b < \infty$ 矛盾. 因此 $b = \infty$. 类似地有 $a = -\infty$.

(2) $\Rightarrow$ (3). 这是显然的.

(3) $\Rightarrow$ (1). 为此, 我们先证明 (3) $\Rightarrow$ (4). 取任意一点 $q \in S$. 如果 $q \in B_\varepsilon(o)$, 以上已经证明了存在一条测地线 $\exp_p(tv)$ 连接它们. 我们假设 $d_g(p, q) := l > \varepsilon$. 设 $q_1 \in \partial B_r(p)$, 对某个 $r < \varepsilon$, 使得

$$d_g(q, q_1) = \min\{d_g(q, q')|\ q' \in \overline{B_r(p)}\}.$$

令 $q_1 = \exp_p(rv)$, 对某个单位向量 $v \in T_pS$, 我们由 (3), 可以得到测地线 $\exp_p(tv)$, $t \in [0, \infty)$. 往证

$$q = \exp_p(lv).$$

用连续性方法, 令

$$A := \{t \in [0, l]|\ d_g(p, \exp_p(tv)) = t\}.$$

往证 $l \in A$. 首先 $A \neq \varnothing$. 测地线的局部极小性说明 A 是 $[0,1]$ 中的开集. 函数 d_g 的连续性说明 A 是 $[0,1]$ 中的闭集, 从而 $A = [0, l]$. 特别 $l \in A$. 这得到 (4).

下面继续证明 (3) $\Rightarrow$ (1). 设 $\{q_j\}$ 是一 Cauchy 列. 记 $l_j := d_g(p, q_j)$ 和

$$q_j := \exp_p(l_j v_j), \qquad |v_j| = 1.$$

由于 l_j 有界和 T_pS 的单位球面是紧致的, 故 l_j 和 v_j 都有收敛子列, 仍旧记为 l_j, v_j, 我们令 $j \to \infty$, 可得

$$l_j \to l, \quad v_j \to v.$$

令 $q = \exp_p(lv)$. 由 $\exp_p$ 的连续性知道 $q_j \to q$, 当 $j \to \infty$ 时. 这证明了 (1). 证毕. □

4.2.6 余弦定理和 Toponogov 比较定理

现在考虑第二变分公式的应用. 我们研究如何用弧长变分去导出曲面上的余弦定理. 设 (S, g) 是一个二维 Riemann 曲面. 设 p, q, r 是三个点, 为了方便计算, 我们假定它们在同一个局部坐标邻域中, 使得连接两两之间的最短线是唯一的. 记

$$a = d_g(p, q), \quad b = d_g(q, r), \quad c = d_g(p, r),$$

以及 α 表示由从 r 分别到 p 和 q 的最短线在 r 处的切向量所形成的夹角. 余弦定理反映角度 α 和边长 a,b,c 之间的关系.

记连接 q,r 的最短线为 $\sigma(s)$, 使得 $\sigma(0)=q$ 且是弧长参数化的. 我们考虑函数

$$l(s):=d_g(p,\sigma(s)):[0,b]\to\mathbb{R}.$$

任意固定一个点 $s_0\in(0,b)$, 记 $\bar{\sigma}(s)=\sigma(s+s_0)$ 和 $\gamma(t):[0,\bar{a}:=l(s_0)]\to S$ 为连接 $p,\bar{\sigma}(0)$ 的最短线, 具有弧长参数化. 从 p 到 $\bar{\sigma}(s)$ 的测地线给出了 $\gamma(t)$ 的一个变分, 记其变分场为 $Y(t)$. 则有 $Y(0)=0$ 和 $Y(\bar{a})=\bar{\sigma}'(0)$.

从前面第一、第二变分公式 (引理 4.8 和引理 4.9), 我们知道

$$l'(s_0)=\left.\frac{\mathrm{d}}{\mathrm{d}s}\right|_{s=0}d_g(p,\bar{\sigma}(s))=\langle\gamma'(t),Y(t)\rangle\big|_0^{\bar{a}}=\langle\gamma'(\bar{a}),Y(\bar{a})\rangle=\langle\gamma'(\bar{a}),\bar{\sigma}'(0)\rangle,$$

注意到在 $t=\bar{a}$ 处 $\nabla_YY=0$ (因为 $\bar{\sigma}$ 是测地线),

$$l''(s_0)=\left.\frac{\mathrm{d}^2}{\mathrm{d}s^2}\right|_{s=0}d_g(p,\bar{\sigma}(s))=\int_0^{\bar{a}}\left(|(\nabla_{\gamma'}Y)^\perp|^2-K|Y^\perp|^2\right)\mathrm{d}t.$$

引理 4.13 *应用以上记号, 我们有*

$$l''(s_0)=\inf_{Z(t):Z(0)=0,\ Z(\bar{a})=\bar{\sigma}'(0)}\int_0^{\bar{a}}\left(|(\nabla_{\gamma'}Z)^\perp|^2-K|Z^\perp|^2\right)\mathrm{d}t. \tag{4.7}$$

证明 因为 Y 满足 $Y(0)=0$, $Y(\bar{a})=\bar{\sigma}'(0)$, 可以得到 $l''(s_0)\geqslant$ (4.7) 式右边.

任意取一个向量场 $Z(t)$ 满足如上条件, 考虑变分

$$\exp_{\gamma(t)}(sZ(t)).$$

因此对任意固定的 s, $t\mapsto\exp_{\gamma(t)}(sZ(t))$ 是一条连接 p 和 $\exp_{\bar{\sigma}(0)}(s\bar{\sigma}'(0))=\bar{\sigma}(s)$ 的曲线, 从而它的长度 $L(s):=\mathrm{Length}(t\mapsto\exp_{\gamma(t)}(sZ(t)))\geqslant l(s)$, 以及 $L(0)=d_g(p,\bar{\sigma}(0))$. 我们得到 $L''(0)\geqslant\left.\frac{\mathrm{d}^2}{\mathrm{d}s^2}\right|_{s=0}d_g(p,\bar{\sigma}(s))=l''(s_0)$. 第二变分公式说明

$$L''(0)=\int_0^{\bar{a}}\left(|(\nabla_{\gamma'}Z)^\perp|^2-K|Z^\perp|^2\right)\mathrm{d}t.$$

由于 $Z(t)$ 的任意性, 我们得到 $l''(s_0)\leqslant$ (4.7) 式右边. 证毕. □

为了计算 (4.7) 式右边, 我们引入一些记号: 取 $Z_0(t)$ 是一个沿着 $\gamma(t)$ 平行的向量场, 使得 $|Z_0|=1$ 和 $\langle Z_0,\gamma'\rangle=0$. 则 $\bar{\sigma}'(0)$ 可以分解为 $\bar{\sigma}'(0)=AZ_0(\bar{a})+B\gamma'(\bar{a})$, 其中

$$A=\langle\bar{\sigma}'(0),Z_0(\bar{a})\rangle,\quad B=\langle\bar{\sigma}'(0),\gamma'(\bar{a})\rangle.$$

对任意给定的满足条件的向量场 $Z(t)$, 因为 $\{Z_0(t),\gamma'(t)\}$ 形成 $T_{\gamma(t)}S$ 的一组幺正基, 我们可以令

$$Z(t)=f(t)\cdot Z_0(t)+g(t)\cdot\gamma'(t),\quad t\in[0,\bar{a}].$$

从而 $f(0)=g(0)=0$, $f(\bar{a})=A$, $g(\bar{a})=B$, $Z^\perp=f(t)\cdot Z_0(t)$, $t\in[0,\bar{a}]$ 和

$$\nabla_{\gamma'}Z=\nabla_{\gamma'}(f\cdot Z_0+g\cdot\gamma')=f'\cdot Z_0+g'\cdot\gamma',$$

这是因为 $\nabla_{\gamma'}Z_0=0=\nabla_{\gamma'}\gamma'$. 现在我们得到

$$\int_0^{\bar{a}}\big(|(\nabla_{\gamma'}Z)^\perp|^2-K|Z^\perp|^2\big)\,\mathrm{d}t=\int_0^{\bar{a}}\big(f'^2(t)-K(t)f^2(t)\big)\mathrm{d}t,$$

这里 $K(t)$ 是在 $\gamma(t)$ 的 Gauss 曲率. 因此, 我们如今已经把 (4.7) 式右边转化成

$$\inf_{\{f,g\}}\int_0^{\bar{a}}\big(f'^2(t)-K(t)f^2(t)\big)\mathrm{d}t,$$

其中 $\{f,g\}$ 取遍 $[0,\bar{a}]$ 上的光滑函数使之成立

$$f(0)=g(0)=0,\quad f(\bar{a})=A,\quad g(\bar{a})=B.$$

注意到这个表达式与 g 无关, 我们得到

$$l''(s_0)=\inf_{f(t):f(0)=0,\ f(\bar{a})=A}\int_0^{\bar{a}}\big(f'^2(t)-K(t)f^2(t)\big)\,\mathrm{d}t. \tag{4.8}$$

为了解释如下的想法, 我们先考虑特殊情况 $K(t)\equiv 0$. 在这种情况下,

$$l''(s_0)=\inf_{f(t):f(0)=0,\ f(\bar{a})=A}\int_0^{\bar{a}}f'^2(t)\mathrm{d}t=\frac{A^2}{\bar{a}}.$$

事实上, 这个下确界可以被函数 $f(t)=At/\bar{a}$ 所达到. 回忆 $\bar{a}=l(s_0)$ 和 $A^2=1-B^2=1-l'^2(s_0)$, 我们可以得到

$$l''(s_0)=\frac{1-l'^2(s_0)}{l(s_0)},\quad (l^2)''(s_0)=2.$$

即 $l(s)$ 满足方程

$$(l^2)''=2,$$

并具有初值条件 $l^2(0)=a^2$ 和 $(l^2)'(0)=2l(0)l'(0)=2aB=-2a\cos\alpha$. 因此, 我们得到平面上的余弦公式:

$$l^2(s)=a^2-2as\cos\alpha+s^2.$$

现在考虑在球面 $\mathbb{S}^2$ 上, 此时 $K \equiv 1$, 方程 (4.8) 中的下确界被函数 $f(t) = A\dfrac{\sin t}{\sin \bar{a}}$ 所达到, 且

$$l''(s_0) = \left(\frac{A}{\sin \bar{a}}\right)^2 \int_0^{\bar{a}} (\cos^2 t - \sin^2 t)\mathrm{d}t = A^2 \frac{\cos \bar{a}}{\sin \bar{a}}.$$

同样的, $l(s)$ 满足方程

$$l''(s) = \frac{\cos l(s)}{\sin l(s)}\Big(1 - l'^2(s)\Big), \quad (\cos l(s))'' = -\cos l(s),$$

并具有初值条件 $\cos l(0) = \cos a$ 和 $(\cos l)'(0) = -\sin l(0) \cdot l'(0) = -\sin a \cdot (-\cos \alpha)$, 因此, 我们有球面上余弦定理

$$\cos l(s) = \cos a \cos s + \sin a \sin s \cdot \cos \alpha.$$

习题 4.5 类似地导出双曲平面 $\mathbb{H}^2$ 上的余弦定理.

以下我们进一步考虑曲率不是常数的情形.

定理 4.14 (Toponogov (托波诺格夫) 比较定理——局部形式) 设 Riemann 曲面 (S, g) 有 Gauss 曲率 $K(x) \geqslant k$ 对任意的 $x \in S$ 成立. 则给定任意一点 $x_0 \in S$, 存在 x_0 的一个小邻域 U, 有如下性质: 设任意三点 $p, q, r \in U$, 我们记从 p 到 q, r 的测地线分别为 $\gamma(t)$ 和 $\sigma(s)$, $\gamma(0) = \sigma(0) = p$. 设三点 $\bar{p}, \bar{q}, \bar{r}$ 是曲率为 k 的二维模型空间上的三点且 $\bar{\gamma}(t), \bar{\sigma}(s)$ 分别是从 $\bar{p}$ 到 $\bar{q}, \bar{r}$ 的最短线, 使得

$$d_g(p, q) = d(\bar{p}, \bar{q}), \quad d_g(p, r) = d(\bar{p}, \bar{r}), \quad \langle \gamma'(0), \sigma'(0) \rangle = \langle \bar{\gamma}'(0), \bar{\sigma}'(0) \rangle.$$

则有

$$d_g(q, r) \leqslant d(\bar{q}, \bar{r}).$$

证明 令 $t_0 = d_g(p, r)$. 我们考虑函数

$$l(t) := d_g(q, \gamma(t)), \quad \bar{l}(t) = d(\bar{q}, \bar{\gamma}(t)), \quad t \in [0, t_0].$$

则我们有

$$l(0) = d_g(q, p) = \bar{l}(0)$$

和

$$l'(0) = \langle \gamma'(0), \sigma'(0) \rangle = \bar{l}'(0).$$

利用 (4.8) 式和 $K(t) \geqslant k$, 我们有

$$l''(t) \leqslant \bar{l}''(t), \quad \forall t \in [0, t_0].$$

因此, 我们有 $l(t) \leqslant \bar{l}(t)$ 对任意 $t \in [0, t_0]$ 成立, 特别 $l(t_0) = d_g(q, r) \leqslant \bar{l}(t_0) = d(\bar{q}, \bar{r})$. □

定理 4.15 (Toponogov 比较定理) 设 Riemann 曲面 (S,g) 有 Gauss 曲率 $K(x) \geqslant k$ 对任意的 $x \in S$ 成立. 则有如下性质: 设任意三点 $p,q,r \in S$ (如果 $k>0$, 假设 $d_g(p,q)+d_g(q,r)+d_g(r,p) < 2\pi/\sqrt{k}$). 记从 p 到 q,r 的测地线分别为 $\gamma(t)$ 和 $\sigma(s)$, $\gamma(0)=\sigma(0)=p$. 设三点 $\bar{p},\bar{q},\bar{r}$ 是曲率为 k 的二维模型空间上的三点且 $\bar{\gamma}(t),\bar{\sigma}(s)$ 分别是从 $\bar{p}$ 到 $\bar{q},\bar{r}$ 的最短线, 使得

$$d_g(p,q)=d(\bar{p},\bar{q}), \quad d_g(p,r)=d(\bar{p},\bar{r}), \quad \langle \gamma'(0),\sigma'(0)\rangle = \langle \bar{\gamma}'(0),\bar{\sigma}'(0)\rangle.$$

则有

$$d_g(q,r) \leqslant d(\bar{q},\bar{r}).$$

这个定理的证明超出了本课程的容量.

注 4.4 对于 Riemann 曲面 (S,g), 若它是单连通的, Gauss 曲率 $K(x) \leqslant k$, 则相应的比较定理也成立, 但是不等号相反.

作为如上 Toponogov 比较定理的一个应用, 我们证明如下 Bonnet-Myers (博内–迈尔斯) 定理.

定理 4.16 (Bonnet-Myer) 设 Riemann 曲面 (S,g) 有 Gauss 曲率 $K(x) \geqslant 1$ 对任意一点 $x \in S$ 成立, 则

$$\operatorname{diam}(S) := \sup_{p,q\in S} d_g(p,q) \leqslant \pi.$$

特别它是紧致的.

证明一 反证法. 假设有两点 $p,q \in S$ 使得

$$d := d_g(p,q) \in (\pi, 2\pi).$$

设 γ 是一条连接它们的最短线. 取 $m=\gamma(d/2)$ 和点 $w \in S\setminus\gamma$ 使得 $d_g(m,w)=\varepsilon$. 令 $r\in\gamma$ 是离 w 最近的点, 即

$$d_g(w,r)=\min_{r'\in\gamma} d_g(w,r').$$

当 ε 足够小的时候, 我们仍有 $d_g(p,r), d_g(q,r) \in (\pi/2,\pi)$. 记从 r 到 w 的最短线为 $\sigma(s)$, $\sigma(0)=r$. 则根据 $d_g(w,r)$ 的极小性和第一变分公式, 有 $\langle\gamma',\sigma'\rangle(r)=0$.

现在在球面 $\mathbb{S}^2$ 上取三点 $\bar{p},\bar{r},\bar{w}$, 使得

$$d(\bar{p},\bar{r})=d_g(p,r), \quad d(\bar{w},\bar{r})=d_g(w,r),$$

以及分别从 $\bar{r}$ 到 $\bar{p},\bar{w}$ 的最短线在 $\bar{r}$ 处的夹角为 $\pi/2$. 应用 Toponogov 比较定理, 有

$$d_g(p,w) \leqslant d(\bar{p},\bar{w}) < d(\bar{p},\bar{r}) = d_g(p,r),$$

这里使用了 $d(\bar{p},\bar{r})>\pi/2$ 和球面的余弦定理. 同样, 可以得到 $d_g(q,w)<d_g(q,r)$. 因此,

$$d_g(p,w)+d_g(q,w)<d_g(p,r)+d_g(q,r)=d_g(p,q).$$

这与三角不等式矛盾. 证毕. □

证明二　任意取两点 $p,q\in S$, 记 $d:=d_g(p,q)$. 设 $\gamma(t)$ 是连接它们的一条最短线. 构造 γ 的一族变分

$$\exp_{\gamma(t)}\big(sf(t)W_0(t)\big),\quad s\in(-\varepsilon,\varepsilon),$$

其中 $f(t)$ 是任意一个光滑函数使得 $f(0)=f(d)=0$, $W_0(t)$ 是沿着 $\gamma(t)$ 的一个平行向量场使得 $|W_0|=1$, $\langle W_0,\gamma'\rangle=0$.

对任意 $s\in(-\varepsilon,\varepsilon)$, 因为曲线 $t\mapsto\exp_{\gamma(t)}(sf(t)W_0)$ 的两个端点都是 p 和 q, 由 $\gamma(t)$ 的最短性, 知道

$$L''(0)\geqslant 0,\quad 这里L(s):=\mathrm{Length}(t\mapsto\exp_{\gamma(t)}(sf(t)W_0).$$

另一方面, 第二变分公式给出

$$L''(0)=\int_0^d(|\nabla_{\gamma'}(fW_0)|^2-K(t)|fW_0|^2)\mathrm{d}t=\int_0^d(f'^2-K(t)f^2)\mathrm{d}t.$$

因为 $K(t)\geqslant 1$, 我们有

$$0\leqslant L''(0)\leqslant\int_0^d(f'^2-f^2)\mathrm{d}t$$

对任意光滑函数 $f(t)$, $f(0)=f(d)=0$ 成立. 这蕴含着 $d\leqslant\pi$. 事实上, 如若不然, 即 $d>\pi$, 函数 $f(t)=\sin(\pi t/d)$ 满足 $f(0)=f(d)=0$, 但是

$$\int_0^d f'^2\mathrm{d}t=\left(\frac{\pi}{d}\right)^2\int_0^d\cos^2(\pi t/d)\,\mathrm{d}t=\left(\frac{\pi}{d}\right)^2\int_0^d f^2\mathrm{d}t<\int_0^d f^2\mathrm{d}t.$$

证毕. □

4.3　李群和齐性空间初步

群是代数中最基本的研究对象. 我们回忆它是指一个集合 G 带有一个运算 $\cdot:G\times G\to G$, 称为乘法, 这个乘法有单位元和逆元, 即存在一个元素 $e\in G$ 使得

$$g\cdot e=e\cdot g=g$$

和对任意的元素 $g\in G$, 存在一个逆元 g^{-1} 使得

$$g\cdot g^{-1}=g^{-1}\cdot g=e.$$

定义 4.6 一个李群 (Lie group) 是指一个群, 同时也带有微分结构, 并且在此微分结构之下, 它的群运算 · 和逆运算都是光滑的.

4.3.1 一些重要例子

(1) 一般线性群 $GL(n)$ 或者 $GL(n,\mathbb{R})$, 是全体非奇异的 $n\times n$ 的实矩阵. 它的群运算是通常的矩阵乘法. 首先, $GL(n)$ 是 $\mathbb{R}^{n\times n}$ 的一个开子集, 它有自然的微分结构. 乘法运算及其逆运算都是光滑的. 因此 $GL(n)$ 是李群.

(2) 正交群 $O(n)\subseteq GL(n)$ 和特殊正交群 $SO(n)$:

$$O(n)=\{M\mid M^{\mathrm{T}}M=I_n\},\quad SO(n)=\{M\in O(n)|\ \det(M)=1\}.$$

其中 I_n 是 n 阶单位矩阵. 我们研究 $O(2)$.

$$M=\begin{pmatrix} a & b\\ c & d\end{pmatrix}\in O(2)$$

当且仅当

$$a^2+b^2=c^2+d^2=1,\quad ac+bd=0.$$

(3) n 维环面 $\mathbb{T}^n$. 这是 n 个 S^1 的乘积空间. 其中 $S^1=\mathbb{R}^1/\sim$, $a\sim b\Longleftrightarrow a-b\in\mathbb{Z}$. 在 $\mathbb{T}^n$ 中的群运算是如下加法:

$$([a_1],[a_2],\cdots,[a_n])+([b_1],[b_2],\cdots,[b_n])=([a_1+b_1],[a_2+b_2],\cdots,[a_n+b_n]).$$

(4) 三维球面 $\mathbb{S}^3$ 具有李群结构. 首先考虑四元数群 $\mathbb{H}$,

$$\mathbb{H}:=\{x+y\mathbf{i}+z\mathbf{j}+w\mathbf{k}\mid x,y,z,w\in\mathbb{R}\},$$

其中虚数单位具有运算法则

$$\mathbf{i}^2=\mathbf{j}^2=\mathbf{k}^2=-1,\quad \mathbf{ij}=\mathbf{k}=-\mathbf{ji},\quad \mathbf{jk}=\mathbf{i}=-\mathbf{kj},\quad \mathbf{ki}=\mathbf{j}=-\mathbf{ik}.$$

应用这个法则, 能给出自然的四元数乘法. $\mathbb{H}$ 按照这个乘法形成的群, 称为四元数群.

设 $a=a_0+a_1\mathbf{i}+a_2\mathbf{j}+a_3\mathbf{k}\in\mathbb{H}$, 它的共轭 $\overline{a}=a_0-a_1\mathbf{i}-a_2\mathbf{j}-a_3\mathbf{k}$, 范数

$$\|a\|^2:=a\cdot\bar{a}=a_0^2+a_1^2+a_2^2+a_3^2.$$

习题 4.6 设 $a,b\in\mathbb{H}$, 证明:

$$\|a\|\cdot\|b\|=\|a\cdot b\|.$$

这个性质说明 $\mathbb{H}$ 中的单位球面 $\{a\in\mathbb{H}|\ \|a\|=1\}=\mathbb{S}^3$ 按照四元数乘法, 成为 $\mathbb{H}$ 的一个子群.

注 4.5 从这个例子引出一个自然的问题: 是不是所有维数的 $\mathbb{S}^n$ 都拥有李群结构? 事实上, 仅有 $\mathbb{S}^1,\mathbb{S}^3$ 具有李群结构. $\mathbb{S}^1=\{e^{i\theta}|\theta\in[0,2\pi)\}$.

(5) 酉群 $U(n)$ 和特殊酉群 $SU(n)$.

$$U(n)=\{M\mid M^*M=I_n\},\quad SU(n)=\{M\in U(n)|\det(M)=1\},$$

这里 M^* 表示 M 的共轭转置.

定理 4.17 设 (S,g) 为一个 Riemann 曲面 (或者任意维数的 Riemann 流形), 全体的等距变换 $\sigma:S\to S$ 按照映射的复合运算形成一个李群, 称为 S 的**等距群**, 记为 $\mathrm{Isom}(S,g)$.

S 的等距群越大, 说明它具有更多的对称性.

4.3.2 李代数

设 G 是一个李群, $g\in G$, L_g,R_g 分别表示左平移和右平移:

$$L_g(x)=gx,\quad R_g(x)=xg,\quad \forall x\in G.$$

注意 $L_g:G\to G$ 和 $R_g:G\to G$ 都是微分同胚.

定义 4.7 一个光滑向量场 X 称为左不变的, 是指对任意的 $g\in G$, $X_g=D_eL_g(X_e)$, 这里 e 是群 G 的单位元. 类似地可以定义右不变向量场.

从这个定义, 我们知道切空间 T_eG 和全体左不变向量场形成的线性空间同构.

定义 4.8 G 上的**李代数**, 记为 $\mathfrak{g}$, 是全体左不变向量场形成的线性空间, 并赋予向量场的李括号运算.

我们也可以将 G 上的李代数理解为 T_eG 并赋予括号运算:

$$[v,w]:=[V,W],\quad \forall\, v,w\in T_eG,$$

这里 V,W 分别是左不变向量场使得 $V_e=v,W_e=w$.

例 4.1 $GL(n)$ 上的李代数中括号运算是 $[A,B]=AB-BA,\forall A,B\in T_{I_n}(GL(n))$.

这可以用如下方式得到. 首先, $GL(n)\subseteq\mathbb{R}^{n\times n}$ 是一个开集, 特别它的维数是 $n\times n$. 因此, 它的李代数

$$\mathfrak{gl}(n)=M_{n\times n}.$$

任何一个 $n\times n$ 矩阵 $A\in T_{I_n}(GL(n))$, 它由曲线 $\gamma(t):=I_n+tA$ 生成. 对任意元素 $G\in GL(n)$, 左平移 $L_G(\gamma(t))=G+tGA$, 因此

$$D_{I_n}L_G(A)=GA.$$

用 $\mathbb{R}^{n\times n}$ 的坐标系 x_{ij}, 从而 $G=(G_{ij}=x_{ij}-\delta_{ij})$ ($\delta_{ij}=1$ 当 $i=j$ 时, $\delta_{ij}=0$ 当 $i\neq j$ 时) 且向量场 $GA=(GA)_{ij}\dfrac{\partial}{\partial x_{ij}}$. 对任意 $A=(a_{ij}),B=(b_{ij})\in\mathfrak{gl}(n)$, $[A,B]$ 由如下公式给出:

$$\begin{aligned}\left[(GA)_{ij}\frac{\partial}{\partial x_{ij}},(GB)_{kl}\frac{\partial}{\partial x_{kl}}\right]&=\left((GA)_{kl}\frac{\partial}{\partial x_{kl}}(GB)_{ij}-(GB)_{kl}\frac{\partial}{\partial x_{kl}}(GA)_{ij}\right)\frac{\partial}{\partial x_{ij}}\\&=\left((GA)_{kl}\frac{\partial}{\partial x_{kl}}(G_{ip}b_{pj})-(GB)_{kl}\frac{\partial}{\partial x_{kl}}(G_{ip}a_{pj})\right)\frac{\partial}{\partial x_{ij}}\\&=((GA)_{kl}\delta_{ik}\delta_{pl}b_{pj}-(GB)_{kl}\delta_{ik}\delta_{pl}a_{pj})\frac{\partial}{\partial x_{ij}}\\&=((GA)_{il}b_{lj}-(GB)_{il}a_{lj})\frac{\partial}{\partial x_{ij}}\\&=(GAB-GBA)_{ij}\frac{\partial}{\partial x_{ij}}.\end{aligned}$$

因此 $[A,B]=AB-BA$.

4.3.3 齐性空间

数学上一个著名的事件是 Klein (克莱因) 在 1872 年提出了 Erlangen 纲领. 首先, Euclid(欧几里得) 几何是研究欧氏空间在刚体运动下不变的性质. 刚体运动是一个群. 粗略地说, Erlangen (埃尔朗根) 纲领即是考虑用另一些群代替刚体运动群, 以及用另一些空间代替欧氏空间, 从而得到不同的几何学 (研究空间在对应的群变换下保持不变的性质).

首先我们要理解什么是群的变换, 也即如下的群作用.

定义 4.9(群作用) 设 G 是一个群, M 是一个微分流形, 我们说 G (左) 作用在 M 上, 是指每一个元素 $g\in G$ 都是一个映射 $g:M\to M$ 满足

$$e(x)=x,\quad (g_1\cdot g_2)(x)=g_1(g_2(x)),\quad \forall g_1,g_2\in G,\ \forall x\in M,$$

这里 $e\in G$ 是单位元.

给一个 Riemann 曲面 (S,g) (或者一般 Riemann 流形), 它的所有等距变换构成一个群 $\mathrm{Isom}(S)$. 用上面的定义, 可以说 $\mathrm{Isom}(M)$ 或者任意一个它的子群, 都等距作用在 S 上.

定义 4.10(齐性空间) 设 M 是一个光滑流形, 群 G 光滑作用在 M 上 (即所有元素 $g:M\to M$ 是光滑的). 我们称 M 是一个 G–齐性空间, 是指这个作用是可迁的, 即对任意两点 $x,y\in M$, 都存在一个 $g\in G$ 使得 $g(x)=y$.

例 4.2 刚体运动群 $\mathcal{E}(n):=\mathbb{R}^n\rtimes_\varphi O(n)$. 它是在 $\mathbb{R}^n\times O(n)$ 上赋予群运算如下:

$$(a,A)\cdot(b,B):=(a+\varphi(b,A),AB),\quad \forall a,b\in\mathbb{R}^n,\forall A,B\in O(n),$$

其中 $\varphi: \mathbb{R}^n \times O(n) \to \mathbb{R}^n$ 定义为 $\varphi(a, A) = Aa$. 不难验证这是一个群.

现在可以考虑这个群作用在 $\mathbb{R}^n$ 上:

$$(a, A)(x) = a + \varphi(x, A) = a + Ax, \quad \forall x \in \mathbb{R}^n.$$

显然的, $\mathbb{Z}^n$ 可以看成是 $\mathcal{E}(n)$ 的子群: $z \mapsto (z, I_n), \forall z = (z_1, z_2, \cdots, z_n) \in \mathbb{Z}^n$. $\mathbb{Z}^n$ 作用在 $\mathbb{R}^n$ 上, 它的商空间是

$$\mathbb{T}^n = \mathbb{R}^n / \mathbb{Z}^n.$$

例 4.3 Möbius (默比乌斯) 群. 考虑上半平面

$$U := \{z \in \mathbb{C} |\ Im(z) > 0\},$$

群

$$SL(2, \mathbb{R}) := \left\{ \begin{pmatrix} a & b \\ c & d \end{pmatrix} \middle| ad - bc = 1 \right\},$$

以及群作用:

$$\begin{pmatrix} a & b \\ c & d \end{pmatrix} (z) := \frac{az + b}{cz + d}.$$

4.3.4 李群在算法中的应用[①]

全体 n 阶对称正定矩阵形成 $\mathbb{R}^{n\times n}$ 的一个子流形. 我们在这一子节中介绍它在计算机视觉问题中的一个应用.

近年来, 以对称正定 (SPD) 矩阵编码的数据急剧增加. 这种结构化的矩阵值数据描述符在多个计算机视觉问题中广泛出现, 并且已被证明在性能上显著优于其他数据描述符. 这是因为它们能够捕捉丰富的二阶数据统计量, 而这些统计量对于识别任务至关重要. 在计算机视觉应用中, SPD 矩阵的例子包括扩散张量、结构张量和区域协方差描述符. 扩散张量自然起源于医学成像, 其中张量表示水扩散 Brown(布朗) 运动模型中的协方差. 在扩散张量成像 (DTI) 中, 水的扩散由表征组织各向异性的扩散张量来表示. 结构张量是从图像的空间导数计算得出的低维特征, 广泛用于光流估计和运动分割. 区域协方差描述符则常用于编码重要的图像特征. 区域协方差矩阵提供了一种有效的方式, 将多种低级特征 (如光照、颜色、梯度等) 融合成一个紧凑的特征表示, 用于计算机视觉相关的应用.

1. 图像视觉显著区域描绘子

随着数字多媒体技术以及网络技术的飞速发展, 人们能够越来越容易地分享海量多媒体内容. 然而, 随着数字拍摄设备 (手机、照相机、摄影机等) 的普及, 以及信号处理

① 本小节由广州大学郑立刚教授撰写.

技术的发展, 只要稍加修改, 很容易产生很多“重复”的图像视频. 这可能会产生诸如版权保护、资源浪费和管理困难等诸多问题. 要解决这些问题, 基于内容的多媒体拷贝检测技术提供了一个可行的途径. 尽管不少媒体拷贝解决方案被提出, 但仍然存在着许多问题, 比如特征的鲁棒性和区分性不能达到好的平衡, 检测效率低等. “视觉显著协方差”(salient covariance, SCOV) 作为图像/帧的全局特征描述, 可用于进行图像/视频的拷贝检测. 这种特征很好地结合了生物视觉中视觉显著 (visual saliency) 和区域协方差 (region covariance), 在鲁棒性和区分性上具有很好的平衡, 并且特征维数比较低 (紧凑), 具有很好的综合性能. 在应用 SCOV 过程中涉及许多快速近邻查找算法、聚类算法等.

2. SPD 矩阵的快速近邻查找算法

SCOV 是对称正定矩阵, SCOV 特征的集合构成了 Riemann 流形, 而不是普通的向量空间, 直接把 SCOV 看作向量空间中的点会破坏其内在几何结构, 从而降低检测精度. 因此, 在特征匹配阶段, 通过计算 SCOV 特征之间的测地线距离 (geodesic distance) 来判断特征之间的相似性. 然而这种距离度量计算比较费时, 且没有快速的算法. 因此, 需要设计合适的近邻查找算法来提高检测速度. 目前使用比较多的 Riemann 度量是仿射不变 Riemann 度量 (affine-invariant Riemannian metric, AIRM) 和 Log-Euclidean Riemann 度量 (Log-Euclidean Riemannian metric, LERM). 这两种度量各有优缺点. 用于拷贝检测时, AIRM 精度较好, 但是计算效率不高; 而 LERM 精度稍差, 速度却比较快. 可以考虑这两种度量的特性, 在不降低精度的同时提高检测速度.

3. 聚类算法——Riemann 竞争学习 (Riemannian competitive learning, RCL)

SPD 矩阵的空间是一个非正曲率的 Riemann 流形, 不同于 Euclid 几何, Riemann 竞争学习 (RCL) 的目的是将经典欧氏空间中聚类框架——简单竞争学习 (simple competitive learning, SCL) 聚类框架——拓展到 SPD 流形上, 从而形成 SPD 矩阵的聚类算法.

假设一组观测值 $X_1, X_2, \cdots, X_n$ 是要聚类的 SPD 矩阵, 类似于欧氏空间的均方误差 (mean square error, MSE), 我们可以使用测地距离 $\delta_{\text{geo}}(X_j, W_i)$ 作为相似度量, 其中 $W_1, W_2, \cdots, W_K$ 是聚类中心, 定义平均测地误差 (mean geodesic error, MGE)

$$MGE := \frac{1}{n}\sum_{i=1}^{K}\sum_{j=1}^{n} y_i \times \delta_{\text{geo}}(X_j, W_i),$$

这里 y_i 是神经元输出的状态, 用来表明 X_j 是否属于 W_i. 在 Riemann 流形中, 向量空间中的基本运算, 如加法和减法, 可以通过指数和对数映射的概念来重新解释. 因此, RCL 中赢家神经元的权重迭代方式如下:

$$W_k(t+1) := \exp(W_k(t), \eta(t)\overrightarrow{W_k(t)X(t)}),$$

其中, $\eta(t)$ 是学习率, $\overrightarrow{W_k(t)X(t)}$ 是从 $W_k(t)$ 到 $X(t)$ 的测地线的切向量:

$$\overrightarrow{W_k(t)X(t)} := \log(W_k(t), X(t)).$$

4.4 Alexandrov 几何简介

在凸曲面的几何研究方面, Gauss 毫无疑问排第一, 排在第二的也许就是苏联数学家 A. D. Alexandrov(亚历山德罗夫). 他研究凸多面体和不光滑凸曲面, 开创了现今被称为 Alexandrov 几何的研究领域.

定义 4.11(凸体、凸曲面) 一个集合 $\Omega \subseteq \mathbb{R}^3$ 被称为**凸体**, 是指对任何两点 $p, q \in \Omega$, 连接它们的直线段也全部落在 Ω 中. 一个集合 $K \subseteq \mathbb{R}^3$ 称为**凸曲面**, 是指它是某个凸体的边界.

显然的, 一个凸体的闭包仍然是凸体. 因此, 我们以下总考虑闭的凸体.

4.4.1 公理化曲率

在微分几何中, 曲率是一个主要概念. 当研究非光滑几何对象, 例如多面体时, Gauss 曲率无法定义. A. D. Alexandrov 利用 Toponogov 比较定理, 介绍了一个公理化意义的曲率. 我们在给出这个定义之前, 回顾一些基本的概念.

定义 4.12 (X, d) 称为一个度量空间, 是指 X 是一个集合且 $d: X \times X \to \mathbb{R}$ 是一个二元函数, 并满足如下条件:

- $d(x, y) \geqslant 0, \quad \forall x, y \in X$ 以及 $d(x, y) = 0 \Longleftrightarrow x = y$;
- $d(x, y) = d(y, x), \quad \forall x, y \in X$;
- $d(x, y) \leqslant d(x, z) + d(z, y), \quad \forall x, y, z \in X$.

给定一个度量空间 (X, d), 为方便起见, 对任意两点 $x, y \in X$, 我们总将 $d(x, y)$ 记为 $|xy|$ (或者 $|xy|_X$).

定义 4.13 设 $I = [a, b] \subseteq \mathbb{R}$ 是一个区间, $\gamma: I \to X$ 是一条连续曲线, 它的**长度**定义为

$$L(\gamma) = \sup_{a=a_0<a_1<\cdots<a_m=b} \sum_{i=0}^{m-1} |\gamma(a_i)\gamma(a_{i+1})|.$$

度量空间 (X, d) 被称为一个**测地空间**, 是指满足对任意两点 $x, y \in X$ 都有一条曲线 γ 连接它们使得 $L(\gamma) = |xy|$. 如此的曲线称为一条最短线 (测地线①).

---

① 不同于 Riemann 几何中, 这里的测地线指连接端点的最短线.

长度泛函是下半连续的. 具体地,

命题 4.4 考虑一族连续曲线 $\gamma_\nu : [a,b] \to X$ 收敛到一条极限曲线 $\gamma : [a,b] \to X$, 则有

$$\liminf_{\nu\to\infty} L(\gamma_\nu) \geqslant L(\gamma).$$

证明 我们首先假设 $L(\gamma) < \infty$. 对任意 $\varepsilon > 0$, 有一个分割 $a = a_0 < a_1 < \cdots < a_m = b$ 使得 $L(\gamma) \leqslant \sum_{j=0}^{m-1} |\gamma(a_j)\gamma(a_{j+1})| + \varepsilon$. 用同样的分割, 对任意的 ν 有 $L(\gamma_\nu) \geqslant \sum_{j=0}^{m-1} |\gamma_\nu(a_j)\gamma_\nu(a_{j+1})|$. 因为 γ_ν 收敛到 γ, 当 ν 足够大时, $|\gamma_\nu(a_j)\gamma(a_j)| \leqslant \varepsilon/m$ 对所有 $j = 1, 2, \cdots, m$ 成立. 因此, 从三角不等式, 可以得到

$$L(\gamma) \leqslant L(\gamma_\nu) + 2\varepsilon.$$

从长度的定义可知, 期待的下半连续性成立.

对于 $L(\gamma) = \infty$ 的情形是类似的, 我们留给读者. □

现在我们可以定义公理化曲率的概念了.

定义 4.14 设 $\kappa \in \mathbb{R}$, (X, d) 是一个完备测地空间. 我们说 (X, d) 具有曲率 $\geqslant \kappa$ (或者 $\leqslant \kappa$) 是指其满足如下 Toponogov 比较性质: 设任意 $x, y, z \in X$ 和点 $w \in X$ 使得 $|xw| = |wz| = |xz|/2$ (即 w 是 x, z 的一个中点), 点 $\bar{x}, \bar{y}, \bar{z}, \bar{w} \in \mathbb{M}^2(\kappa)$ 使得

$$|xy| = |\bar{x}\bar{y}|, \quad |yz| = |\bar{y}\bar{z}|, \quad |xz| = |\bar{x}\bar{z}|,$$

以及 $|\bar{x}\bar{w}| = |\bar{z}\bar{w}| = |\bar{x}\bar{z}|/2$, 则有

$$|yw| \geqslant |\bar{y}\bar{w}| \qquad (|yw| \leqslant |\bar{y}\bar{w}|),$$

这里 $\mathbb{M}^2(\kappa)$ 表示单连通、Gauss 曲率为 κ 的曲面. (见图 4.2.)

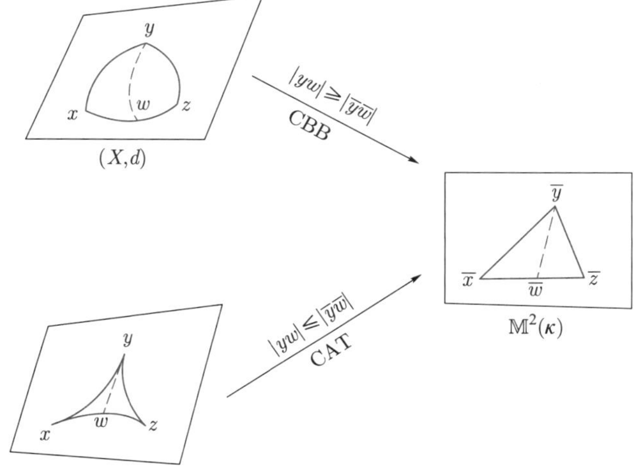

图 4.2 广义曲率

以下简单记全体曲率 $\geqslant \kappa$ 的空间为 $\mathrm{CBB}(\kappa)$ 和全体曲率 $\leqslant \kappa$ 的空间为 $\mathrm{CAT}(\kappa)$.

习题 4.7　设 $X \in \mathrm{CBB}(0)$. $\sigma(s), \gamma(t)$ 是两条弧长参数化的测地线 (指最短线), $\gamma(0) = \sigma(0)$. 证明: 应用欧氏空间的余弦定理的计算

$$\omega(s,t) = \frac{s^2+t^2-|\sigma(s)\gamma(t)|^2}{2st}$$

是分别关于 s, t 单调不增的.

如果 $X \in \mathrm{CBB}(\kappa)$, 相应的性质也成立.

两个重要例子

- $\mathbb{R}^3$ 中的凸曲面属于 $\mathrm{CBB}(0)$.
- 所有的树 (即不包含圈的图), 当考虑典则度量 (每一条边的长度为 1) 时, 是一个 $\mathrm{CAT}(0)$.

定理 4.18 (Alexandrov 定理)　设 (X, d) 是一个具有正曲率的度量空间, 假设 X 同胚于球面 $\mathbb{S}^2$, 则它一定等距到 $\mathbb{R}^3$ 中的一个闭凸曲面.

这个定理表明, 纵然度量空间的曲率是抽象定义的, 但是同胚到球面的正曲率度量, 可以用 $\mathbb{R}^3$ 中的凸曲面来实现.

4.4.2　Hausdorff 维数

在一个度量空间中, 先验地没有维数、体积等概念. 以下介绍 Hausdorff 测度和维数. 设 $k \geqslant 0$, 记

$$\omega_k := \frac{\pi^{k/2}}{\Gamma(1+k/2)}, \quad \Gamma(t) = \int_0^\infty x^{t-1}\mathrm{e}^{-x}\mathrm{d}x.$$

当 k 是整数时, ω_k 为 k 维欧氏空间中单位球体 $\{x \in \mathbb{R}^k | \|x\| < 1\}$ 的体积.

设 $A \subseteq X$, $\mathrm{diam}(A) = \sup\limits_{x,y \in A} |xy|$.

定义 4.15　令 $\delta \in (0, \infty]$ 和 $A \subseteq X$, 定义

$$H_\delta^k(A) := \frac{\omega_k}{2} \cdot \inf\left\{\sum_{j \in J}(\mathrm{diam}(A_j))^k \,\middle|\, \mathrm{diam}(A_j) < \delta, \quad A \subseteq \bigcup_{j \in J} A_j\right\}$$

和 A 的 k 维 Hausdorff 测度

$$H^k(A) := \sup_{\delta > 0} H_\delta^k(A).$$

定义 4.16　A 的 k 维 Hausdorff 维数

$$\dim_H(A) := \inf\left\{k \geqslant 0 \middle| H^k(A) = 0\right\}.$$

习题 4.8 设 $f: A \to B$ 是一个 Lipschitz 映射, 即存在 $L > 0$ 使得

$$|f(x)f(y)| \leqslant L|xy|, \quad \forall x, y \in A.$$

证明: 对任意 $k > 0$, $H^k(f(A)) \leqslant L^k H^k(A)$. 特别地, 有 $\dim_H(f(A)) \leqslant \dim_H(A)$.

注 4.6 在欧氏空间 $\mathbb{R}^n$ 中, 对任意 Borel (博雷尔) 子集 $B \subseteq \mathbb{R}^n$, 有

$$H^n(B) = |B|$$

成立, 这里 $|B|$ 表示 B 的 n 维 Lebesgue 测度.

现在我们回到讨论 CBB 和 CAT 空间上来.

命题 4.5 设 $X \in \mathrm{CBB}(\kappa)$, $\kappa \in \mathbb{R}$. 令 $A, B \subseteq X$ 是两个有界开集, 则对任意 $k > 0$, 有 $H^k(A) = H^k(B)$.

证明 我们仅就 $\kappa = 0$ 的情形证明, 其他情形是类似的.

假设两个球满足 $B_\varepsilon(p) \subseteq A \subseteq B_R(p)$, 我们只要证明

$$\dim_H(B_\varepsilon(p)) = \dim_H(B_R(p)).$$

现在 $B_\varepsilon(p) \subseteq B_R(p)$ 保证了 $\dim_H(B_\varepsilon(p)) \leqslant \dim_H(B_R(p))$.

设映射 $f: B_R(p) \to B_\varepsilon(p)$, 对任意 $x \in B_R(p)$, 考虑一条连接 p, x 的最短线. 取 $f(x) := y$ 是点 y 在这最短线 px 上使得 $|py| = \dfrac{\varepsilon}{R}|px|$. 显然 $y \in B_\varepsilon(p)$. 因为 $X \in \mathrm{CBB}(0)$, 所以存在一个逆映射是 Lipschitz 的, 有 Lipschitz 常数 R/ε. 所以, 从习题 4.8, 有 $\dim_H(B_\varepsilon(p)) \geqslant \dim_H(B_R(p))$. 证毕. □

设 $X \in \mathrm{CBB}(\kappa)$ 和 $\dim_H(X) = n$, 我们称 X 为一个 n 维 Alexandrov 空间, 曲率有下界 κ. 一个非常不平凡的结论是 $\dim_H(X) = n$ 不仅仅是一个常数, 而且是一个整数或者 ∞. (参看 [2].)

4.4.3 Gromov-Hausdorff 收敛

考虑全体紧致度量空间的集合 $\mathcal{M}$. 我们在这个集合上介绍一个度量, 称为 Gromov-Hausdorff (格罗莫夫–豪斯多夫) 度量 d_{GH}.

定义 4.17 设 (X, d_X) 和 (Y, d_Y) 是两个紧致度量空间, 定义它们之间的 **Gromov-Hausdorff 度量** d_{GH} 如下: 首先设 $r > 0$, $d_{GH}(X, Y) < r$ 是指存在映射 $f: X \to Y$ 和 $g: Y \to X$ 使得

$$\big||f(x_1)f(x_2)|_Y - |x_1x_2|_X\big| < r, \quad \forall x_1, x_2 \in X, \qquad Y \subseteq U_r(f(X)),$$

$$\big||g(y_1)g(y_2)|_X - |y_1y_2|_Y\big| < r, \quad \forall y_1, y_2 \in Y, \qquad X \subseteq U_r(g(Y)),$$

这里 $U_r(E) := \{x \in X|\ |xE|_X < r\}$ 是集合 E 的 r–邻域. 现在

$$d_{GH}(X,Y) := \inf\{r > 0\ |d_{GH}(X,Y) < r\}.$$

下面证明一个重要的性质.

命题 4.6 设 (X_1, d_1) 和 (X_2, d_2) 是两个紧致度量空间, 若 $d_{GH}(X_1, X_2) = 0$, 则 X_1 和 X_2 等距.

因此, 如果我们记等距为 $X_1 \sim X_2$, 则 $(\mathcal{M}/\sim, d_{GH})$ 形成一个度量空间 (即度量空间的空间).

证明 由 $d_{GH}(X,Y) < 1/i$ 对任意 $i \in \mathbb{N}_+$. 存在映射 $f_i : X \to Y$ 使得

$$\big||f_i(x_1)f_i(x_2)|_Y - |x_1x_2|_X\big| < 1/i, \quad \forall x_1, x_2 \in X.$$

固定 X 的一个可数稠密子集 $\{x_\alpha\}_{\alpha\in\mathbb{N}_+}$. (因为 X 是紧致的, 所以是可分的, 故存在可数的稠密子集.) 对 x_1, 序列 $\{f_i(x_1)\}_{i\in Y}$ 在 Y 中有收敛子列, 其收敛到一个聚点 y_1, 因为 Y 是紧致的. 对 x_2, 进一步取收敛子列, 收敛于一个聚点 y_2, 用对角线方法, 可以得到一个子列使得 $f_i(x_\alpha)$ 收敛到 y_α, 对任何 $\alpha \in \mathbb{N}_+$ 成立. 因此, 我们得到一个映射 $F : \{x_\alpha\}_{\alpha\in\mathbb{N}_+} \to Y$ 是等距嵌入. 这能够自然延拓到 $F : X \to Y$ 是一个等距嵌入.

如下证明 $F(X) = Y$, 因为 $F(X)$ 是 Y 中的闭集, 我们仅要证明 $F(X)$ 在 Y 中稠密. 这由 $U_{1/i}(f_i(X)) = Y$ 显然得到. 证毕. □

对任意的 $\kappa \in \mathbb{R}$, 如果一族紧致度量空间 (X_i, d_i) 都满足曲率 $\geqslant \kappa$ (或者 $\leqslant \kappa$), 假设 (X, d_X) 是一个紧致度量空间且

$$X_i \overset{d_{GH}}{\to} X, \quad \text{i.e.} \quad \lim_{i\to\infty} d_{GH}(X_i, X) = 0.$$

那么, 从曲率上 (下) 界的定义, 我们得到 X 也满足曲率 $\geqslant \kappa$ (或者 $\leqslant \kappa$).

设 $\kappa \in \mathbb{R}, n \in \mathbb{N}_+$ 和 $D > 0$. 记 $\mathfrak{A}(n, \kappa, D)$ 为全体紧致且具有曲率 $\geqslant \kappa$, $\operatorname{diam} \leqslant D$ 和 $\dim_H \leqslant n$ 的 Alexandrov 空间. 如下两个重要的定理开辟了用不光滑极限空间研究光滑 Riemann 流形的一条可行之路.

定理 4.19 (Gromov 紧性定理) 对任意的 $\kappa \in \mathbb{R}, n \in \mathbb{N}_+$ 和 $D > 0$, $\mathfrak{A}(n, \kappa, D)$ 在 $(\mathcal{M}/\sim, d_{GH})$ 中是紧致的.

定理 4.20 (Perelman (佩雷尔曼) 稳定性定理) 设 Alexandrov 空间 $X \in \mathfrak{A}(n, \kappa, D)$, 存在一个常数 $\varepsilon > 0$ 使得对任意 $Y \in \mathfrak{A}(n, \kappa, D)$, 如果 $d_{GH}(Y, X) < \varepsilon$, 那么 Y 同胚于 X.

以下推论说明我们如何应用不光滑空间来研究光滑 Riemann 流形的拓扑性质.

推论 4.21 对任意的 $\kappa \in \mathbb{R}, n \in \mathbb{N}_+$ 和 $D > 0$, 具有曲率 $\geqslant \kappa$, 直径 $\leqslant D$ 的 n 维 Riemann 流形有有限种拓扑类型.

证明 反证法, 假设有无限种拓扑类型. 则可取无穷个满足条件的 Riemann 流形 $\{M_i\}_{i\in\mathbb{N}_+}$ 使之两两不同胚. 现在所有的 $M_i \in \mathfrak{A}(n,\kappa,D)$. 由 Gromov 紧性定理知道, 一定存在 d_{GH} 收敛子列收敛到一个极限空间 $X \in \mathfrak{A}(n,\kappa,D)$. 不妨设 $M_i \overset{d_{GH}}{\to} X$.

再用 Perelman 稳定性定理, 我们得到, 当 i 足够大时, M_i 都同胚于 X, 这与 M_i 之间两两不同胚矛盾. 证毕. □

本节也可参见 [1,2].

4.5 一些未解决的问题

本节可参考文献 [1,6].

我们讨论几个未解决的问题, 作为本书的结束, 这只是 [6] 的问题集中的一小部分.

(1) (Alexandrov 猜测) 设 (S,g) 是一个光滑凸曲面, 证明

$$\frac{\mathrm{Area}(S)}{\mathrm{diam}^2(S)} \leqslant \frac{\pi}{2}.$$

首先, 考虑 S 是球面, 如果 $\mathrm{Area}(S)/\mathrm{diam}^2(S) = 4/\pi$. 其次, 考虑一个柱面 $[0,2\varepsilon] \times D^2(1/2-\varepsilon)$, 这里 $D^2(r)$ 是半径为 r 的圆盘. 此时面积为

$$2\times\pi(1/2-\varepsilon)^2 + 2\pi(1/2-\varepsilon)\cdot(2\varepsilon) = \frac{\pi}{2} - 2\pi\varepsilon^2.$$

Bishop (毕晓普) 比较定理说明 $\mathrm{Area}(S)/\mathrm{diam}^2(S) \leqslant \pi$, Calabi-曹建国推进到 $\leqslant 8/\pi \approx 2.548$, T. Shioya 在 2015 年推进到 $\leqslant \dfrac{\sqrt{21}-3}{2}\pi \approx 2.486$. (见 Geom. Dedicata (2015) 174:279–285.)

(2) (Carathéodory (卡拉泰奥多里) 猜测) 设 (S,g) 是一个光滑闭凸曲面, 证明至少有两个脐点 (即主曲率 $\kappa_1 = \kappa_2$ 的点).

一个非紧致的版本是如下问题.

(3) (Milnor (米尔诺) 问题) 设 $S \subseteq \mathbb{R}^3$ 是一个完备非紧曲面, 设主曲率为 κ_1, κ_2. 证明: 要么 $\inf\limits_{x\in S} |\kappa_1(x) - \kappa_2(x)| = 0$, 要么 Gauss 曲率 K 变号, 要么 $K \equiv 0$.

当 Gauss 曲率 $K \geqslant 0$ 时, 这是 Toponogov 问题. Toponogov 在 $\displaystyle\int_S K < 4\pi$ 条件下, 证明了这个结论.

(4) (关于稳定极小曲面的 Bernstein 定理) 证明 $\mathbb{R}^n (n \leqslant 8)$ 中稳定极小超曲面都是超平面.

Bernstein 定理说明 $\mathbb{R}^n$ $(n \leqslant 7)$ 中极小曲面方程的整体解都是超平面. 注意到极小曲面方程的解给出的图在 $\mathbb{R}^{n+1}$ 中是面积极小化曲面, 特别是稳定极小的. 当 $n = 3$

时, 这被 Schoen-Fischer-Colbrie 和 do Carmo-彭家贵所证明. 当 $n = 4$ 时, 最近被 Chodosh-Li 所证明.

(5) 设 $u : \mathbb{R}^n \to \mathbb{R}$ 是极小曲面方程的一个整体解, 证明 u 的图的体积是多项式增长的.

回顾在前面专题 4.1 节中, 证明 Bernstein 定理时, 一个关键的性质是 u 的图的面积具有 2 次多项式增长. L. Simon 在 1989 年给出了部分结果.

参考文献

[1] ALEXANDROV A D. Intrinsic Geometry of Convex Surfaces (A. D. Alexandrov selected works part II. Edited by S. S. Kutateladze). New York: Chapman & Hall/CRC Taylor & Francis Group, 2005.

[2] BURAGO D, BURAGO Y, IVANOV S. A Course in Metric Geometry. Graduate Studies in Mathematics, vol. 33. Providence: AMS., 2001.

[3] CHERN S S. A simple intrinsic proof of the Gauss-Bonnet formula for closed Riemannian manifolds. Annals of Mathematics, 45:747–752, 1944.

[4] DO CARMO M P. Differential Geometry of Curves and Surfaces. Englewood Cliffs: Prentice-Hall, Inc, 1976.

[5] MILNOR J W. 从微分观点看拓扑. 熊金城, 译. 北京: 人民邮电出版社, 2008.

[6] YAU S-T. Problem Section, Seminar on Differential Geometry. Annals of Mathematics Studies. Princeton: Princeton University Press, 102:669–706, 1982.

[7] 伍鸿熙, 沈纯理, 虞言林. 黎曼几何初步. 北京: 北京大学出版社, 1989.

[8] 彭家贵, 陈卿. 微分几何. 2 版. 北京: 高等教育出版社, 2021.

[9] 陈省身, 陈维桓. 微分几何讲义. 2 版. 北京: 北京大学出版社, 2001.

[10] 黎景辉, 白正简, 周国晖. 高等线性代数学. 北京: 高等教育出版社, 2014.

索引

C

D

F

H

J

K

L

M

N

P

Q

S

T

W

X

Y

Z

图书在版编目（CIP）数据

微分几何 / 黎俊彬，袁伟，张会春编．-- 北京：高等教育出版社，2024.8（2025.8 重印）．-- ISBN 978-7-04-063044-2

Ⅰ．O186.1

中国国家版本馆 CIP 数据核字第 20244MQ024 号

Weifen Jihe

策划编辑　田　玲
责任编辑　田　玲
封面设计　王　洋
版式设计　徐艳妮
责任绘图　李沛蓉
责任校对　张　然
责任印制　赵义民

出版发行　高等教育出版社
社　　址　北京市西城区德外大街4号
邮政编码　100120
购书热线　010-58581118
咨询电话　400-810-0598
网　　址　http://www.hep.edu.cn
　　　　　http://www.hep.com.cn
网上订购　http://www.hepmall.com.cn
　　　　　http://www.hepmall.com
　　　　　http://www.hepmall.cn

印　　刷　北京盛通印刷股份有限公司
开　　本　787mm × 1092mm　1/16
印　　张　10.75
字　　数　210千字
版　　次　2024年8月第1版
印　　次　2025年8月第2次印刷
定　　价　28.60元

本书如有缺页、倒页、脱页等质量问题，
请到所购图书销售部门联系调换

物 料 号　63044-00